风力发电机组机械装调工——中级

《风力发电职业技能鉴定教材》编写委员会　组织编写

知识产权出版社

全国百佳图书出版单位

图书在版编目（CIP）数据

风力发电机组机械装调工：中级/风力发电职业技能鉴定教材编写委员会组织编写．
—北京：知识产权出版社，2015. 12
　风力发电职业技能鉴定教材
　ISBN 978-7-5130-3905-5

Ⅰ.①风…　Ⅱ.①风…　Ⅲ.①风力发电机—发电机组—装配（机械）—职业技能—鉴定—教材　②风力发电机—发电机组—调试方法—职业技能—鉴定—教材　Ⅳ.①TM315

中国版本图书馆 CIP 数据核字（2015）第 271333 号

内容提要

本书主要介绍风力发电机组的机舱、叶轮和发电机主要零部件的装配过程。机舱部分主要介绍：偏航系统，传动链、齿轮箱、联轴器和机舱罩等零部件的结构、功能和装配过程。叶轮部分主要介绍了变桨驱动和变桨驱动编码器的分类和特性，以及变桨系统的润滑系统和变桨零部件的装配过程。发电机部分主要介绍双馈，以及永磁直驱发电机的结构、装配过程。

本书的特点是遵循国际和国家标准，结合相关风机制造商的生产经验，采用现代技术和方法，坚持理论与工程实际相结合，体现风力发电机组制造和装配的系统性和完整性，突出了典型机型的重点结构。

本书可作为风力发电机组机械装调工培训教材使用，也可供有关科研和工程技术人员参考。

策划编辑：刘晓庆

责任编辑：刘晓庆　于晓菲　　　　　　　　　　责任出版：孙婷婷

风力发电职业技能鉴定教材

风力发电机组机械装调工——中级

FENGLI FADIAN JIZU JIXIE ZHUANGTIAOGONG ZHONGJI

《风力发电职业技能鉴定教材》编写委员会　组织编写

出版发行：知识产权出版社 有限责任公司	网　　址：http://www.ipph.cn
电　　话：010-82004826	http://www.laichushu.com
社　　址：北京市海淀区马甸南村 1 号	邮　　编：100088
责编电话：010-82000860 转 8363	责编邮箱：yuxiaofei@cnipr.com
发行电话：010-82000860 转 8101/8029	发行传真：010-82000893/82003279
印　　刷：北京嘉恒彩色印刷有限责任公司	经　　销：各大网上书店、新华书店及相关专业书店
开　　本：787mm×1092mm　1/16	印　　张：12.5
版　　次：2015 年 12 月第 1 版	印　　次：2015 年 12 月第 1 次印刷
字　　数：200 千字	定　　价：30.00 元

ISBN 978-7-5130-3905-5

《风力发电职业技能鉴定教材》编写委员会

委员会名单

主　任　武　钢

副主任　郭振岩　方晓燕　李　飞　卢琛钰

委　员　郭丽平　果　岩　庄建新　宁巧珍　王　瑞

　　　　潘振云　王　旭　乔　鑫　李永生　于晓飞

　　　　王大伟　孙　伟　程　伟　范瑞建　肖明明

本书编写委员　乔　鑫　潘振云　王　旭

序 言

近年来，我国风力发电产业发展迅速。自2010年年底至今，风力发电总装机容量连续5年位居世界第一，风力发电机组关键技术日趋成熟，风力发电整机制造企业已基本掌握兆瓦级风力发电机组关键技术，形成了覆盖风力发电场勘测、设计、施工、安装、运行、维护、管理，以及风力发电机组研发、制造等方面的全产业链条。目前，风力发电机组研发专业人员、高级管理人员、制造专业人员和高级技工等人才储备不足，尚未能满足我国风力发电产业发展的需求。

对此，中国电器工业协会委托下属风力发电电器设备分会开展了技术创新、质量提升、标准研究、职业培训等方面工作。其中，对于风力发电机组制造工专业人员的培养和鉴定方面，开展了如下工作：

2012年8月起，中国电器工业协会风力发电电器设备分会组织开展风力发电机组制造工领域职业标准、考评大纲、试题库和培训教材等方面的编制工作。

2012年年底，中国电器工业协会风力发电电器设备分会组织风力发电行业相关专家，研究并提出了"风力发电机组电气装调工""风力发电机组机械装调工""风力发电机组维修保养工""风力发电机组叶片成型工"共四个风力发电机组制造工职业工种需求，并将其纳入《中华人民共和国职业分类大典（2015版）》。

2014年12月初，由中国电器工业协会风力发电电器设备分会与金风大学联合承办了"机械行业职业技能鉴定风力发电北京点"，双方联合牵头开展了风力发电机组制造工相关国家职业技能标准的编制工作，并依据标准，组织了本套教材的编制。

希望本教材的出版，能够帮助风力发电制造企业、大专院校等，在培养风力发电机组制造工方面，提供一定的帮助和指导。

中国电器工业协会

前　言

　　为促进风力发电行业职业技能鉴定点的规范化运作，推动风力发电行业职业培训与职业技能鉴定工作的有效开展，大力培养更多的专业风力发电人才，中国电器工业协会风力发电电器设备分会与金风大学在合作筹建风力发电行业职业技能鉴定点的基础上，共同组织完成了风力发电机组维修保养工、风力发电机组电器装调工和风力发电机组机械装调工，三个工种不同级别的风力发电行业职业技能鉴定系列培训教材。

　　本套教材是以"以职业活动为导向，以职业技能为核心"为指导思想，突出职业培训特色，以鉴定人员能够"易懂、易学、易用"为基本原则，力求通俗易懂、理论联系实际，体现了实用性和可操作性。在结构上，教材针对风力发电行业三个特有职业领域，分为初级、中级和高级三个级别，按照模块化的方式进行编写。《风力发电机组维修保养工》涵盖风力发电机组维修保养中各种维修工具的辨识、使用方法、风机零部件结构、运行原理、故障检查，故障维修，以及安全事项等内容。《风力发电机组电气装调工》涵盖风力发电机电器装配工具辨识、工具使用方法、偏航变桨系统装配、冷却控制系统装配，以及装配注意事项和安全等内容。《风力发电机组机械装调工》涵盖风力发电机组各机械结构部件的辨识与装配，如机舱、轮毂、变桨系统、传动链、联轴器、制动器、液压站、齿轮箱等部件。每本教材的编写涵盖了风力发电行业相关职业标准的基本要求，各职业技能部分的章对应该职业标准中的"职业功能"，节对应标准中的"工作内容"，节中阐述的内容对应标准中的"技能要求"和"相关知识"。本套教材既注重理论又充分联系实际，应用了大量真实的操作图片及操作流程案例，方便读者直观学习，快速辨识各个部件，掌握风机相关工种的操作流程及操作方法，解决实际工作中的问题。本套教材可作为风力发电行业相关从业人员参加等级培训、职业技能鉴定使用，也可作为有关技术人员自学的参考用书。

本套教材的编写得到了风力发电行业骨干企业金风科技的大力支持。金风科技内部各相关岗位技术专家承担了整体教材的编写工作，金风科技相关技术专家对全书进行了审阅。中国电器协会风力发电电器设备分会的专家对全书组织了集中审稿，并提供了大量的帮助，知识产权出版社策划编辑对书籍编写、组稿给予了极大的支持。借此一隅，向所有为本书的编写、审核、编辑、出版提供帮助与支持的工作人员表示感谢！

本书《风力发电机组机械装调工——中级》系本套教材中的一本。第一章和第五章由王旭负责编写；第二章、第六章和第七章由乔鑫负责编写；第三章、第四章和第八章由潘振云负责编写。

由于时间仓促，编写过程中难免有疏漏和不足之处，欢迎广大读者和专家提出宝贵意见和建议。

《风力发电职业技能鉴定教材》编写委员会

目　录

第一章　机舱的装配

1. 掌握装配机舱底座的调整方法。
2. 掌握装配机舱罩的调整方法。
3. 掌握胶衣修复的方法。

机舱主要由底座、机舱罩等部件组成。机舱底座上布置有叶轮系统、轴承座、齿轮箱、发电机、偏航驱动、液压系统、润滑系统、机舱罩等部件，机舱罩后部的上方安装测风系统，机舱壁上有通风装置、逃生装置、照明装置、小型起重设备（提升机装置）等，底部与塔架相连。

第一节　机舱底座的安装

机舱底座起着定位和承载的作用，机组载荷都通过机舱底座传递给塔架。机舱底座具有较高的强度和刚度，还具有良好的减震特性。

为了高效准确地将叶轮系统、轴承座、齿轮箱、发电机、偏航驱动、液压系统、润滑系统、机舱罩等部件装配至底座上，首先需要了解一下机舱底座的生产工艺。

一、底座的生产工艺

（一）底座的材料

一个大型风力发电机的底座重量在 20 t 左右，它所需要支撑的重量在 100 t

左右。为满足对底盘的强度和刚度要求，底盘一般采用铸造或焊接成型，见图1-1。

图 1-1 一种异步机组的机舱底座

使用齿轮箱的异步机组底座因纵向尺寸较长，一般采用焊接结构，或前部铸造后部焊接的混合结构。直驱同步机组的底座尺寸和重量相对小一些，一般都采用铸造成型，见图 1-2。

图 1-2 一种齿轮箱型"半直驱"机组的机舱底座

（二）底座的机械加工

（1）不管是铸造底座还是焊接底座，有几个与整机装配有关的关键部位必须进行机械加工，以保证其位置精度及平面贴合。由于底板的尺寸太大，在通用设备上很难加工，一般都采用专用制造的专用设备进行加工。

（2）首先要加工偏航轴承的安装面，这个平面是整个底座的加工基准平面。加工后的安装面既消除了焊接变形，同时又保证了偏航轴承安装时的贴合要求。水平轴风力发电机的主轴支座安装平面、齿轮箱安装平面和发电机安装平面都与偏航轴承安装平面平行，加工时只要满足这一要求就可以了。

（3）仰头主轴风力发电机的主轴支座安装平面、齿轮箱安装平面和发电机安装平面都与偏航轴承安装平面有 5°或 6°的夹角，它保证了这几个安装平面与偏航轴承安装平面夹角的一致性及在一个平面内。这是对仰头主轴风力发电机的主轴支座安装平面、齿轮箱安装平面和发电机安装平面加工的基本要求，加工时应保证各安装面的平整度，以满足安装时的贴合要求。

（三）底座的检查与验收

1. 对钢结构的检查要求

（1）目视检测、外观检验及断口宏观检验时，使用放大镜的放大倍数应以 5 倍为限。焊件与母材之间在 25 mm 范围内，应无污渍、油迹、焊皮、焊迹和其他影响检测的杂质。底座的各个非装配表面和检修孔不得有毛刺、飞边和尖锐的棱角，以免对人造成伤害。

（2）对钢结构焊缝应进行无损检测，无损检测的操作人员应具有相应的资格证书。对底座钢结构焊缝等级要求及采用何种无损检测方法，应按设计施工图样上的要求执行，并对所有焊缝进行 100% 的外观测试。施工图样上没有注明时，无损检测方法的选择按应以下要求执行。

①对接焊缝，钢板厚度小于 8 mm 时，采用射线探伤，执行《金属熔化焊焊接接头射线照像》GB/T 3323。

②对接焊缝，钢板厚度大于 8 mm 时，采用射线探伤或渗透检测。

③T 型对接焊缝，应采用渗透检测，执行《焊缝渗透检测》JB/T 6062 标准。

④角焊缝，应采用磁粉探伤，执行《焊缝磁粉检验方法和缺陷磁痕的分级》JB/T 6061 标准。

⑤超声波探伤，执行《焊缝无损检测超声检测技术、检测等级和评定》GB/T 11345 标准。

2. 对装配表面的检测

（1）偏航轴承安装表面及圆孔表面、偏航驱动电动机减速器安装表面、偏航制动器安装表面、水平主轴支座安装表面、水平安装齿轮箱或浮动安装齿轮箱托架安装表面、发电机安装表面的相互平行度及各平面的平直度、表面粗糙度和各平面上孔的螺孔的相互位置精度，均应符合图样的要求。

（2）仰头主轴支架安装面、仰头齿轮箱安装面或齿轮箱托架安装面和仰头发电机安装面与水平面（即领航轴承安装面）间的夹角必须一致且在同一平面上，且应符合图样要求。

（3）液压系统、润滑系统、冷却系统、控制系统和机舱等的安装孔或安装螺纹孔的位置精度应符合图样要求，保证装配不存在困难。

3. 评定零件的质量因素

这些因素是是多方面的，不仅尺寸影响零件的质量，零件的几何形状和结构的位置也大大影响质量。下面了解一下形状和位置公差《产品几何技术规范》GB/T 1182。

（1）形状和位置公差的基本概念。

图 1-3a 所示为一理想形状的销轴，而加工后的实际形状则是轴线变弯了，如图 1-3b，因而产生了直线度误差。

又如，图 1-4a 所示为一要求严格的四棱柱，加工后的实际位置却是上表面倾斜了，如图 1-4b，因而产生了平行度误差。

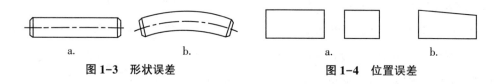

图 1-3　形状误差	图 1-4　位置误差

如果零件存在严重的形状和位置误差，将造成装配困难，影响机器的质量。因此，对于精度要求较高的零件，除给出尺寸公差外，还应根据设计要求，合理地确定出形状和位置误差的最大允许值，如图 1-5b 中的 $\phi 0.08$（即销轴轴线必须位于直径为公差值 $\phi 0.08$ 的圆柱面内，如图 1-5a 所示）、图 1-6b 中的 0.1（即上表面必须位于距离为公差值 0.1 且平行于基准表面 A 的两平行平面之间，

见图 1-6a）。

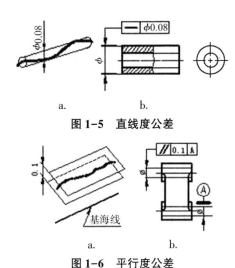

图 1-5　直线度公差

图 1-6　平行度公差

（2）形状公差和位置公差的有关术语。

①要素——指组成零件的点、线、面。

②形状公差——指实际要素的形状所允许的变动量。

③位置公差——允许的变动量，它包括定向公差、定位公差和跳动公差。

④被测要素——给出了形状或（和）位置公差的要素。

⑤基准要素——用来确定理想被测要素方向或（和）位置的要素。

（3）形位公差的项目、符号及公差带。

①形状公差。形位公差的分类、项目资料和符号，见表 1-1。

表 1-1　形位公差的分类、项目资料和符号

分类	项　　目	特征符号		有或无基准要求
形状公差	形状	直线度	—	无
		平面度	▱	无
		圆度	◯	无
		圆柱度	⌀	无

续表

分类	项　目		特征符号		有或无基准要求
形状或位置	轮廓	线轮廓度	⌒		有或无
		面轮廓度	⌒		有或无
位置公差	定向	平行度	//		有
		垂直度	⊥		有
		倾斜度	∠		有
	定位	位置度	⊕		有或无
		同轴度（同心度）	◎		有
		对称度	＝		有
	跳动	圆跳动	↗		有
		全跳动	↗↗		有

注：国家标准《产品几何技术规范》GB/T 1182规定项目特征符号线型为 $h/10$，符号高度为 h（同字高），其中，平面度、圆柱度、平行度、跳动等符号的倾斜角度为75°。

（4）形位公差的标注。

①公差框格。公差框格用细实线画出，可画成水平的或垂直的。框格高度是图样中尺寸数字高度的两倍，它的长度视实际需要而定。框格中的数字、字母、符号与图样中的数字等高。图1-7给出了形状公差和位置公差的框格形式。用带箭头的指引线将被测要素与公差框格一端相连。

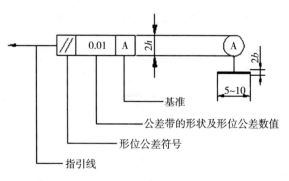

图1-7　形位公差代号及基准符号

②被测要素。用带箭头的指引线将被测要素与公差框格一端相连，指引线箭

头指向公差带的宽度方向或直径方面。

当被测要素为整体轴线或公共中心平面时，指引线箭头可直接指在轴线或中心线上，见图1-8a。

当被测要素为轴线、球心或中心平面时，指引线箭头应与该要素的尺寸线对齐，见图1-8b。

当被测要素为线或表面时，指引线箭头应指该要素的轮廓线或其引出线上，并应明显地与尺寸线错开，见图1-8c。

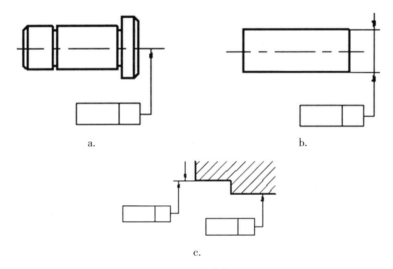

图1-8　被测要素标注示例

③基准要素。基准符号的画法见图1-9所示，无论基准符号在图中的方向如何，细实线圆内的字母一律水平书写。

当基准要素为素线或表面时，基准符号应靠近该要素的轮廓线或引出线标注，并应明显地与尺寸线箭头错开，见图1-9a。

当基准要素为轴线、球心或中心平面时，基准符号应与该要素的尺寸线箭头对齐，见图1-9b。

当基准要素为整体轴线或公共中心面时，基准符号可直接靠近公共轴线（或公共中心线）标注，见图1-9c。

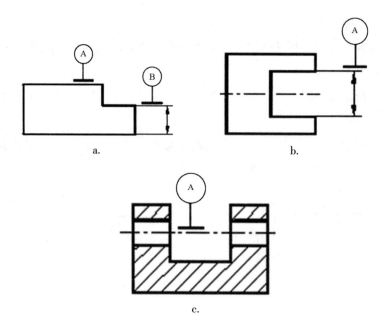

a.   b.

c.

图 1-9　基准要素标注示例

（5）零件图上标注形状公差和位置公差的实例。

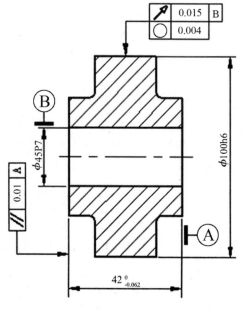

图 1-10　零件图上标注形位公差的实例

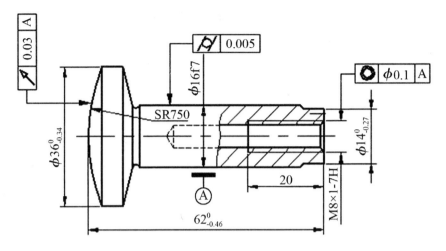

图1-11　零件图上标注形位公差的实例

4. 检测机舱底座装配表面的平面度等形位公差的方法

（1）平面度。在机械几何形状误差测量中，平面度是指基片具有的宏观凹凸高度相对理想平面的偏差。

（2）平面度测量。被测实际表面对其理想平面变动量，理想平面的位置应符合最小条件，平面度误差属于形位误差中的形状误差。

（3）平面度误差测量的常用方法有以下几种。

①平晶干涉法。用光学平晶的工作面体现理想平面，直接以干涉条纹的弯曲程度确定被测表面的平面度误差值。这种方法主要用于测量小平面，如量规的工作面和千分尺测头测量面的平面度误差。

②打表测量法。打表测量法是将被测零件和测微计放在标准平板上，以标准平板作为测量基准面，用测微计沿实际表面逐点或沿几条直线方向进行测量。

③液平面法。液平面法是用液平面作为测量基准面，液平面由"连通罐"内的液面构成，然后用传感器进行测量。此法主要用于测量大平面的平面度误差。

④光束平面法。光束平面法是采用准值望远镜和瞄准靶镜进行测量，选择实际表面上相距最远的三个点形成的光束平面作为平面度误差的测量基准面。

⑤激光平面度测量仪。激光平面度测量仪用于测量大型平面的平面度误差。

5. 检测机舱底座装配表面的平面度等形位公差的测量仪器

由于底座结构复杂、尺寸和重量较大，使用激光平面度测量仪或激光跟踪仪对底座上几个关键部位的安装平面或表面的平面度等形位公差进行测量，以保证其位置精度及平面贴合。下面了解一下激光跟踪测量系统。

（1）激光跟踪测量系统。

激光跟踪测量系统是工业测量系统中一种高精度的大尺寸测量仪器。它集合了激光干涉测距技术、光电探测技术、精密机械技术、计算机及控制技术、现代数值计算理论等各种先进技术，对空间运动目标进行跟踪并实时测量目标的空间三维坐标。它具有高精度、高效率、实时跟踪测量、安装快捷、操作简便等特点，适合于大尺寸工件配装测量。

激光跟踪测量系统基本都是由激光跟踪头（跟踪仪）、控制器、用户计算机、反射器（靶镜）及测量附件等组成。激光跟踪仪，见图1-12和图1-13。

图1-12 激光跟踪仪一

图1-13 激光跟踪仪二

（2）激光跟踪测量系统的工作基本原理。

在目标点上安置一个反射器，跟踪头发出的激光射到反射器上，又返回到跟踪头。当目标移动时，跟踪头调整光束方向来对准目标。同时，返回光束为检测系统所接收，用来测算目标的空间位置。简单地说，激光跟踪测量系统所要解决的问题是静态或动态地跟踪一个在空间中运动的点，同时确定目标点的空间坐标。

（3）FARO激光跟踪仪的概述。

①激光器要放在激光器的主机体内，其特点是：全封闭，平衡设计，光束通过光纤传送，无反射镜（避免反射镜因经过运输而产生微小的位移而需要长的校准时间）。光纤具有稳定性好，制造精度高，激光光路部分全程完全密封，可靠性好，响应速度快等特点。

②内置综合气象站，能够测量环境温度、湿度和气压，并自动补偿环境误差，保证设备的精度及稳定性。控制器还可外接8个温度传感器（控制器上带8个接口），可对测量现场或大工件附近温度的变化误差进行自动补偿。

③强强组合。对于大型零件中的局部复杂测量，可结合测量臂来对跟踪仪进行隐藏点的补充测量，完全脱离激光束真正意义上的六自由度测量，并且能实现在同一坐标系下生成测量数据。

④能实现干涉仪测量、干涉与绝对相辅测量和真正绝对测量的选择，独立的两路激光系统。在ADM（绝对测量）模式下，能够实现高精度、高效率的扫描测量。

⑤为了保证机器的热稳定性，光学仪器、电子仪器和激光源不得集成在同一空间，在激光头部还要有散热孔。

⑥主机配备3个跟踪器安装复位器TMR，可同时放置3个（1.5″，0.875″，0.5″）反射镜标靶。为了提高稳定性，此复位器必须是跟踪仪主要构件的一部分，不得使用螺栓固定。

⑦具有内置电子水平仪，可以自动进行水平面的测量，也可以实现对工件的调平。

二、装配机舱底座

（一）装配前准备

（1）按照装配工艺规程，准备好装配底座所需的工装、吊索具、工具、生产辅料等工艺装备。

（2）应按照图样的要求检查底座与相配合零件的加工质量、规格、型号及数量，包括尺寸精度、形状与位置公差以及表面粗糙度等。不符合要求的零件不允许装配。

（3）按《机械设备安装工程施工及验收通用规范》GB 50231 机械设备安装工程施工及验收通用规范 5.1 和本系列教材初级第一章的要求，装配前应清理和清洗零部件，确保装配质量。

（4）清理底座各孔。按装配工艺规程的要求用指定规格的丝锥和螺纹清理刷对相应的螺纹孔进行过丝和清理。同时，用压缩空气将螺纹孔内的污物清理干净，用吸尘器将清出的污物清理干净。

（5）根据《非校准起重圆环链和吊链使用和维护》GB/T 22166 非校准起重圆环链和吊链使用和维护以及LD 48—1993 起重机械吊具与索具安全规程等国家标准的要求，安全选用、使用和维护吊索具、吊具等。

（二）装配底座

（1）放置底座。用专用工装、吊具等吊放底座至装配工装平台或运输工装上，并用指定的螺栓等紧固件进行连接，按装配工艺规程要求的力矩紧固，见图1-14。

图 1-14　底座与运输工装的连接

（2）装配机舱各平台。一般直驱发电机组的机舱底座需要安装平台，机舱平台分为三部分，分别是内平台、主平台、上平台，见图 1-15～图 1-17。内平台安装在底座内部的平台，布置液压站、润滑站以及动力电缆和滑环电缆护圈，进出发电机的平台门等组件。主平台安装在底座外机舱罩内的平台，主要是支撑固定机舱罩，机组维护时方便操作人员放置、运送维修工具等。上平台安装在底座顶部，主要是支撑固定各种控制系统（控制柜、开关柜、滤波器等）及电缆架等，同时方便维护人员安装和维修测风系统（本系列教材初级已经详细叙述过，本章节不再赘述）。

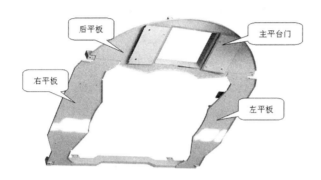

图 1-15　主平台总成

图 1-16　内平台总成

图 1-17　上平台总成

第二节　机舱罩的装配方法

风力发电机组常年在户外运行，处于比较恶劣的环境下。为了保护机舱内关键部件及其附件，如齿轮箱、传动系统、发电机、控制系统和安全系统等免受风沙、雨雪、冰雹、烟雾和紫外线的直接侵害，保证机组的正常运行，延长机组使用寿命，减少风机运行阻力，同时也为安装与维护人员提供必要的操作空间，必须通过机舱罩和导流罩把这些关键部件保护起来。

机舱罩具有美观、轻巧、对风阻力小的流线型外形；同时满足一定的强度和刚度要求，在极限风速下不会被破坏；采用成本低、重量轻、强度高、耐腐蚀能力强、加工性能好的材料制作；在舱壁上设有百叶窗式的通风孔，解决机组通风散热的问题；机舱罩底部有通风孔及吊重物用的孔，便于维修时运送零部件和工具等；机舱罩顶部设有通风口，便于人员安装、维修机舱顶部风速风向检测仪。

目前，大型风力发电机组的机舱罩与导流罩普遍采用玻璃纤维增强复合材料作为主要材料，辅以其他材料制作。也有个别机型的机舱罩采用金属材料（铝合金或不锈钢），但制作成流线型工艺很复杂，成本较高。

兆瓦级以上的风力发电机组玻璃纤维增强复合材料机舱的厚度一般在7~10 mm，加强肋及法兰面的厚度在20~25 mm。玻璃纤维增强复合材料机舱的制作最常用的方法是手糊法和真空浸渗法。下面了解一下玻璃钢机舱罩的生产工艺。

一、玻璃钢机舱罩的生产工艺

1. 手糊法

手糊法机舱罩的制造工艺流程：

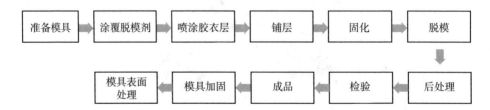

手糊法是利用敞开式模具在接触压力的作用下，使增强纤维浸胶、脱泡成型，在常温或中温固化，整个过程用手工操作生产复合材料制品的成型方法。

手糊法的第一步是机舱部件模具的制作。根据机舱部件的形状和结构特点、操作难易程度及脱模是否方便，确定模具采用凸模还是凹模。在决定模具制造方案后，根据机舱图样画出模具图。一般凸模模具的制作比较容易，采用较多。

对于玻璃纤维增强复合材料机舱部件这样的大型模具，模芯的制作必须考虑到制作成本和重量。一般采用轻质泡沫塑料板或轻钢骨架镶木条作为模型，再在模架上手糊上一定厚度的可加工树脂。之后，经过打磨修整，用样板检验合格后即可用于生产。

机舱部件的加强肋是在糊制过程中，在该部位加入高强度硬质泡沫塑料板制成的。这种泡沫塑料板的特点是，它是闭孔结构使树脂无法渗入其中。机舱部件中需要预埋的螺栓、螺母及其他构件较多，应在糊制过程中准确安放，不要遗漏和放错。

手糊法的生产效率低，产品一致性较差，只有一面光滑，修整工作量大，不适用于批量生产，所使用的树脂对人的健康和安全不利。手糊法生产制品因树脂固化收缩，形状易产生变化，而产生原因又很复杂，目前无法进行定量的分析和控制。

2. 真空浸渗法

真空浸渗法生产的产品一致性好、两面光滑、尺寸准确，适宜批量生产。但生产的一次性投入大，需要使用真空泵等设备。真空浸渗法属于闭模成型，一套模具由模芯和模壳两部分组成。

真空浸渗法机舱罩的制造工艺流程：

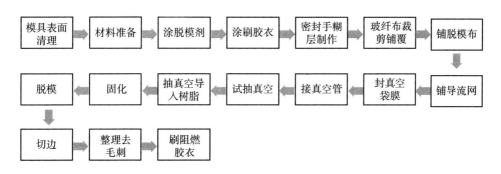

真空浸渗法是在真空袋型法的基础上，发展起来的一种改进的 RTM 工艺。应用封闭模具，在模具型腔中铺放好按性能和结构要求设计的增强材料预成型体。合模后使用真空泵对模腔抽真空，借助于大气压力和铺放在结构层表面的高渗透率的介质引导树脂注入到结构层中。

真空浸渗法生产的机舱罩优点是机舱罩两面光滑、尺寸准确、尤其是厚度尺寸。由于压力的作用，树脂流经结构纤维，纤维浸润性好，比手糊法孔隙率低。纤维含量高，强度和刚度好。与手糊法相比减少了固化时逸出的挥发性物质，有利于操作人员的健康和安全。方便采用加热固化，提高生产效率。

真空浸渗法生产的机舱罩的弱点是树脂混合和含量控制依赖操作人员技术，要求操作人员有较高的技术水平。树脂的灌注压力只有一个大气压，灌注浸渗需要时间较长，效率不高。

二、机舱罩的检查与验收

机舱罩的安装质量取决于机舱罩的加工质量，检查机舱罩时应注意以下方面。

（1）每个机舱罩均应进行外观质量检查。目视检验，机舱罩外表面应光滑、无飞边和毛刺。还应特别注意出现气泡、夹杂起层、变形、变白、损伤、积胶等现象，对表面涂层也要进行外观目视检验。

（2）对机舱罩内部缺陷应进行敲击或无损检验。自动超声波检查非常适合机舱罩的内部质量检验。利用自动超生波检验方法可以有效地检测层的厚度变化，显示隐藏的产品故障，例如分层、内含物、气孔（干燥地区）、缺少粘合剂和粘结不牢。

（3）每个机舱罩均要求检验机舱罩与底座连接尺寸，机舱罩各部件之间的连接尺寸。

（4）每个机舱罩均要求检验预埋件的位置是否符合图样要求，是否有遗漏、歪斜、错放等问题。

（5）每个机舱罩均要求检验重量和重心位置，并在非外露面做出标记，以方便吊装。

（6）每个机舱罩均应进行随件试件纤维增强塑料固化度和树脂含量检验。

（7）制造商与用户商定的其他检验项目。

三、机舱罩胶衣的修复

机舱罩的胶衣若有破损或缺陷，安装前就需要修复，具体修复的方法如下。

（一）准备好修复胶衣的材料、工具和个人防护用品

（二）机舱罩胶衣的修复过程

1. 机舱罩表面修复

（1）当缺陷深度≤1.5 mm时，可以直接用胶衣进行涂抹修复。

①用≤80目砂纸对损坏部位进行打磨（抛光），用浸润清洗剂的抹布清除灰尘和异物，以免减弱粘结效果。

②使用热风枪烘干打磨区域，保证修补区域内部干燥。

③将添加固化剂的胶衣搅拌均匀后涂抹在损坏部位，用光亮部件进行感光处理（如粘贴上亮光薄膜），等待固化（若操作环境温度低于16 ℃，可使用热风枪进行加热）。

④固化后，去掉薄膜。如有氧化层难以打磨，可先用铲刀清理或丙酮擦拭，再用1000～1200目砂纸进行蘸水打磨抛光。

（2）当缺陷深度≥2 mm且面积≤40 mm×40 mm时，可依据以下步骤进行修补。

①用≤80目砂纸对损坏部位进行打磨（抛光）、清洁，保证没有灰尘和异物，以免减弱粘结效果。

②使用热风枪烘干打磨区域，保证修补区域内部干燥。

③将加入玻纤丝与固化剂的树脂搅拌均匀后涂抹在损坏部位，用光亮部件进行刮平随型，等待固化（若操作环境温度低于16 ℃，可使用热风枪进行加热）。

④固化后，使用≤80目砂纸对其进行打磨抛光。

⑤清理干燥后，表面涂刷面漆。

⑥用1000～1200目砂纸进行蘸水打磨抛光。

（3）缺陷深度>3 mm并深入材料内，可依据以下步骤进行修补。

①先用记号笔标识出打磨区域，用角向磨光机对损坏处进行斜坡状打磨，在

宽度和长度方向按 1∶5 的倒角进行打磨。若为穿透性裂纹，需先在内部进行补强后再将损伤层全部打磨去除，打磨面积需比损坏面积大 80~100 mm。

②使用丙酮（或清洗液）进行清洁，保证表面没有灰尘和异物，以免减弱粘接效果。

③使用热风枪烘干打磨区域，保证修补区域内部干燥。

④在打磨区域均匀涂一层加入固化剂的树脂，再铺覆一层玻璃纤维（经纬布或纤维毡），铺覆时要按错层要求进行，如此反复阶梯铺覆操作，达到表面平整，整体铺设层数至少为原来的 N+1 层。保证玻璃纤维铺覆面积比损坏面积大 50~80 mm。如此重复操作达到表面平整，然后等待固化（若操作环境温度低于 16 ℃，可使用热风枪或其他加热设备进行加热）。

⑤固化后，使用 80~120 目砂纸打磨修复区。打磨区域应比修复区大（沿修复区边扩展 20 mm），以保证修复区与本体平滑过渡。

⑥在打磨平滑的修复区涂刷胶衣，使修复区的表面达到和周边区域相同的表面效果（可参照上述机舱罩表面修复缺陷深度≤1.5 mm 的方法修复）。

2. 机舱罩里面修补

（1）当损坏面积≤20 mm 以内时，可以用树脂腻子直接进行修补。

①首先用加固化剂的树脂腻子进行填平。

②固化后用 80~120 目砂纸进行打磨平滑。

③涂刷面漆。

（2）损坏面积≥20 mm 并深入材料内时，可以参照上述机舱罩表面修复缺陷深度＞3 mm 的方法修复。

四、机舱罩的装配

1. 机舱罩的结构

机舱罩是一种大型壳体结构，为了便于制造、安装和运输，多采用分体设计。机舱罩一般由厚度为 8~10 mm 的玻璃钢制造，机舱罩采用内法兰连接，用不锈钢螺栓连接成整体。机舱罩均带有空心金属加强筋，对体积大的机舱罩多采用网状结构。加强筋排布位置需考虑部件的装配影响和舱内美观。另外，还要求机舱罩结构紧凑、外形美观。用玻璃钢制造的大型风力发电机的机舱罩一般采用拼装结构，如图 1-18 和图1-19。

图 1-18　一种风力发电机的机舱罩

图 1-19　一种风力发电机的机舱罩

2. 机舱罩与主体结构的连接

其连接原则为安全可靠、配合紧凑、密封防水、外形美观和便于操作。

3. 机舱罩的装配

（1）按工艺规程技术要求，用一组螺栓将机舱罩（金属预埋连接支座）与底座主体结构进行连接；用一组螺栓通过机舱罩（金属预埋法兰）将分体机舱罩进行连接。因为玻璃钢件制造误差较大，所以设计时已留出足够的安装调整余量。按图样要求调整好安装位置尺寸后，安装螺栓并按要求紧固力矩。安装机舱罩的具体要求在本系列教材的初级教材中已做详细叙述，本章节不再赘述。

（2）机舱罩的密封。

①机舱罩片体间的密封形式为静密封，装配后各机舱罩片体间对接面合缝间隙小于图样规定值，并用机械密封胶对缝隙进行密封。

②机舱罩片体与塔筒间的密封形式为动密封，密封材料通常采用尼龙毛刷或动密封胶条。尼龙毛刷技术要求应保证防尘功能，刷毛载体为铝合金或不锈钢载体。刷毛材料为黑色 PA6 尼龙刷丝，丝径应为 $\phi 0.3$ mm，刷毛高度≥55 mm，刷毛压紧厚度≥3 mm，刷稍自然厚度约为 4 mm，每 100 mm 刷丝含量≥2380 根。毛刷安装要求为整圆结构、无间隙。整条毛刷在一段毛束上往返拨动 7 次，无刷毛掉落现象。

（3）机舱罩与发电机定子间的密封形式为静密封，密封形式多采用尼龙毛刷，尼龙毛刷技术要求同②要求。

五、机舱罩的调整

为了便于制造、安装和运输，机舱罩采用分块设计。在组对机舱罩时，用专用工装和工量具按工艺规程的技术要求调整好机舱罩的安装位置尺寸与同轴度（机舱罩前端与底座前端安装法兰面的同轴度）。

调整的方法：用尺子对称测量机舱罩上壳体圆弧法兰上 1、2 两点到专用工装中心的距离，差值（同轴度）满足工艺规程的要求即为合格。用尺子对称测量机舱罩下壳体圆弧法兰上 3、4 两点到专用工装中心的距离，差值（同轴度）满足工艺规程的要求即为合格。若同轴度不符合要求时，可用工装调整预埋连接支座与底座的安装孔位置，也可通过在机舱罩预埋连接支座处增加和减少调整垫来调整。调整完毕后进行螺栓的连接和紧固，以保证机舱罩的安装质量，避免影响机舱罩与风力发电机组间的配合。见图 1-20。

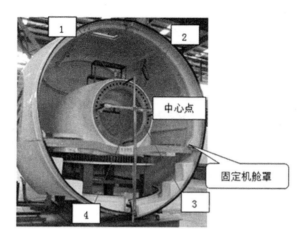

图 1-20　调整机舱罩

 复习思考题

1. 底座装配面的检测有哪些内容？

2. 简述激光跟踪测量系统的基本工作原理。

3. 机舱罩的检查与验收包括哪些内容？

4. 简述机舱罩胶衣的修复过程。

5. 机舱罩的制造工艺有几种？试述它们的优缺点。

第二章　轮毂、变桨控制系统的装配与调整

学习目的：

1. 了解变桨控制系统的作用、分类和结构。
2. 掌握变桨驱动系统的装配要求。
3. 掌握罩壳与轮毂的调整方法。

第一节　变桨驱动、编码器的分类与特性

一、变桨驱动的分类与特性

1. 变桨驱动的分类

变桨驱动的常用方式有：电机通过齿形皮带驱动，油缸推动四连杆驱动，电机齿轮减速器齿轮驱动。

2. 变桨驱动的特性

（1）齿形皮带驱动兼顾齿轮和皮带传动的优点，具有远距离传动、振动小、传动精确和过载保护等优点。

（2）液压变桨驱动具有传动力矩大、重量轻、定位准确、执行机构动态响应速度快等特点。

（3）齿轮变桨驱动相对简单，不会发生非线性、漏油和卡塞等现象，比较容易实现远程控制。

二、编码器的分类与特性

1. 编码器的分类

编码器为一种传感器，主要用于侦测机械运动的速度、位置、角度、距离或计数。除了应用于产业机械外，许多的电机控制如伺服电机、BLDC 伺服电机均需配备编码器以供电机控制器作为换相、速度及位置的检出，它的应用范围相当广泛。从 20 世纪 50 年代开始，编码器就应用于机床和计算仪器，因其结构简单、计量精度高、寿命长等优点，在国内外受到重视和推广。它在精密定位、速度、长度、加速度、振动等方面得到广泛的应用。编码器外形图，见图 2-1。

图 2-1　一种编码器外形图

编码器可以分为以下几种方式。

（1）按码盘的刻孔方式分类：

①增量型。这种方式即每转过单位的角度就发出一个脉冲信号（也有发正余弦信号，然后对其进行细分，斩波出频率更高的脉冲），通常为 A 相、B 相、Z 相输出，A 相、B 相为相互延迟 1/4 周期的脉冲输出，根据延迟关系可以区别正反转，而且通过取 A 相、B 相的上升和下降沿可以进行 2 或 4 倍频；Z 相为单圈脉冲，即每圈发出一个脉冲。

②绝对值型。这种方式即对应一圈，每个基准的角度发出一个唯一与该角度对应二进制的数值，通过外部记圈器件可以进行多个位置的记录和测量。

（2）按信号的输出类型分类。

①电压输出。

②集电极开路输出。

③推拉互补输出。

④长线驱动输出。

（3）以编码器机械安装形式分类。

①有轴型。有轴型又可分为夹紧法兰型、同步法兰型和伺服安装型等。

②轴套型。轴套型又可分为半空型、全空型和大口径型等。

（4）以编码器工作原理可分为：光电式、磁电式和触点电刷式。

2. 编码器的特性

（1）增量型编码器。

增量型编码器由一个中心有轴的光电码盘，其上有环形通、暗的刻线，由光电发射和接收器件读取。获得四组正弦波信号组合成 A、B、C、D，每个正弦波相差 90°相位差（相对于一个周波为 360°），将 C、D 信号反向，叠加在 A、B 两相上，可增强稳定信号；另每转输出一个 Z 相脉冲以代表零位参考位。由于 A、B 两相相差 90°，可通过比较 A 相在前还是 B 相在前，以判别编码器的正转与反转。通过零位脉冲，可获得编码器的零位参考位。

编码器码盘的材料有玻璃、金属和塑料。玻璃码盘是在玻璃上沉积很薄的刻线，其热稳定性好，精度高。金属码盘直接以通和不通刻线，不易碎，但由于金属有一定的厚度，精度就有限制，其热稳定性就要比玻璃码盘差一个数量级。塑料码盘是经济型的，其成本低，但精度、热稳定性和寿命均要差一些。

（2）绝对值型编码器。

绝对值型编码器光码盘上有许多道光通道刻线，每道刻线依次以 2 线、4 线、8 线、16 线等编排。这样，在编码器的每一个位置，通过读取每道刻线的通、暗，获得一组从 $2^0 \sim 2^{n-1}$ 唯一的 2 进制编码（格雷码），称为 n 位绝对编码器。这样的编码器是由光电码盘的机械位置决定的，它不受停电和其他干扰的影响。

绝对编码器由机械位置决定了每个位置是唯一的，它既不需要记忆，也不需要找参考点，而且不用一直计数。什么时候需要知道位置，什么时候就去读取。这样，编码器的抗干扰特性和数据的可靠性都大大提高了。

3. 编码器在变桨驱动系统中的应用

每个变桨驱动系统都配有一个绝对值编码器，安装在电机的非驱动端（电机尾部），还配有一个冗余的绝对值编码器，安装在叶片根部变桨轴承内齿旁。它通过一个小齿轮与变桨轴承内齿啮合联动记录变桨角度。

风机主控接收所有编码器的信号，而变桨系统只应用电机尾部编码器的信号。只有当电机尾部编码器失效时，风机主控才会控制变桨系统应用冗余编码器的信号。

三、变桨驱动编码器的安装与检查

编码器属于精密部件，因此必须严格按照相关要求进行安装和检查。一种编码器的安装，见图2-2。

图2-2　一种冗余编码器的安装

（1）安装编码器时，不允许对轴直接施加冲击。

（2）避免编码器的外壳特别是轴受到碰撞。编码器与齿轮结合时，避免轴的径向和轴向受力过载。

（3）不允许非专业人员随意拆解编码器，否则会损坏编码器防油和防滴的性能。

（4）安装配线时，应注意防止误配线而损坏内部回路。

（5）固定编码器时，勿用力拉扯导线。

（6）不许敲打、碰撞编码器。

（7）若编码器上有灰尘，安装之前需进行清灰除尘。

第二节　轮毂、变桨系统装配

一、变桨系统装配

1. 变桨系统的装配要求

（1）装配变桨系统时，必须严格按照设计、工艺要求和相关标准进行装配。

（2）装配环境必须保持清洁。高精度零部件的装配环境、温度、湿度、防尘量、照明和防震等要求，必须符合相关规定。

（3）所有零部件必须检验合格后方能进行装配。

（4）零部件在装配前，必须对其进行清理并将其清洗干净，不得有毛刺、飞边、氧化皮、锈蚀、切屑、砂粒、灰尘和油污等，并应符合相关清洁度要求。

（5）在装配过程中，零部件不得磕碰、划伤和出现锈蚀。

（6）油漆未干的零部件不得进行装配。

（7）各零部件装配后相对位置应准确。

2. 变桨电机类型与性能

常用变桨电机分为直流电机、交流电机和液压马达。电机与液压马达的外形图，见图2-3和图2-4。

图2-3　一种变桨电机外形图

图 2-4　一种液压马达外形图

（1）直流电机的优点在于启动力矩大，短时过载能力强，启动平稳，并有良好的控制性能，适合风速变化快、叶片负载大的风机应用。

（2）交流电机不需要换向器和电刷，减少了维护的成本。其可靠性高、使用寿命长、结构紧凑。交流电机非常适合在恶劣环境应用。

（3）有的机组采用液压马达替代电机驱动。此时，机组要配置相应的液压阀组和管路。

3. 变桨控制系统原理知识与结构

根据各个厂家的不同设计，变桨系统分为电动变桨和液压变桨两种方式。电动变桨分为直流和交流供电两种形式，在系统的组成上，也分为三柜、四柜、七柜等形式。下面以一种直流七柜变桨系统为例进行解释。

变桨系统安装在风电机组的轮毂内，主要包括主控制柜、三个轴控制柜、三个电池柜、三个直流电机、连接电缆和传感器等部件。

变桨系统和速度控制系统一起保持叶轮有一个稳定的能量输出。阵风会导致叶轮有加速，但叶片的调整可以平滑地减缓叶轮速度上升，这对于风电机组的载荷也有很大的缓解，同时也可以保持电能质量的高水平输出。

为了保持变桨系统在电网失电、供电故障或控制电源故障下正常工作，每个叶片都有后备电池作为紧急电源。除了控制电源输出外，变桨系统的机械装置还可作为简单的、安全可靠的刹车装置，它对每个叶片的机械操作都是独立的。这样在刮大风的时候，每个叶片都可以独立转动到安全位置以保持叶轮的转速在安全的范围内。

每个叶片都有独立的变桨传动机构、电机、轴控制器和备用电池。这三个独立的轴控制器由一个安装在轮毂里的轮毂控制器控制。轮毂控制器通过现场总线，从安装在塔架底部的风电机组控制器中获取叶片节距角的给定信号。

每个叶片还各自配备有两个直接与轮毂控制器连接的桨距角传感器。轴控制器有自己的传感器，包括变桨电机速度传感器、变桨电机位置传感器和变桨电机电流传感器。每个变桨电机还配备有一个电磁铁工作的变桨刹车。

4. 变桨执行机构原理与要求

变桨执行机构是安装在轮毂内，作为空气制动或者通过改变叶片角度对机组运行进行功率控制的装置。它的主要功能是：变桨功能，即通过精细的角度变化，使叶片向顺桨方向转动，改变叶轮转速，实现机组的功率控制。这一过程往往是在机组达到其额定功率后开始执行。此外，变桨执行机构还有制动功能，这是通过变桨系统将叶片转动到顺桨位置以产生空气制动效果，与轴系的机械制动装置共同使机组安全停机。

目前变桨执行机构主要有两种：液压变桨和电动变桨，按其控制方式可分为统一变桨和独立变桨两种。在统一变桨基础上发展起来的独立变桨技术，即每支叶片根据自己的控制规律独立地变化桨距角，这样可以有效地解决叶片和塔架等部件的载荷不均匀的问题。独立变桨技术具有结构紧凑简单、易于施加各种控制、可靠性高等优势，因此越来越受到风电市场的欢迎。

二、装配变桨润滑系统

1. 变桨润滑系统的类型与要求

变桨润滑系统分为手动润滑和自动润滑两种。手动润滑一般由风场的工作人员定期对轴承进行润滑，易出现单次注脂量大，润滑部位内部压力过大而使润滑脂顶开密封圈的现象。同时，手动润滑还存在单个加油点进行注脂的现象，这将大大降低润滑脂的均匀性，导致润滑不均，降低润滑效果。

因此，在变桨系统的维护中，建议使用自动润滑，通过均布的多个油孔同时注脂，保证润滑脂分布的均匀性。另外，自动润滑的注脂量经过了计算和分配，不易出现过多注脂造成浪费和过少注脂量造成润滑不畅的情况，有效保证了润滑部位的使用寿命。自动润滑系统多配备有集油装置，通过排油孔收集废旧润滑脂。因此，在维护时，还应及时清理或更换集油装置。

2. 变桨润滑油品的要求

正确选用润滑油品是保证风力发电机组可靠运行的重要条件之一。在风力发电机组的设计文件中，设备厂家都提供了机组所有润滑油品的型号和用量等内容。安装人员一般只需要按照要求加注润滑油品即可。

变桨驱动机构不论是液压驱动还是电动驱动，都要通过机械结构执行变桨动作。因此，变桨机组的变桨执行机构是重点润滑部位。

第三节　变桨系统调整

1. 变桨系统组成与结构

（1）电机齿轮减速器齿轮驱动系统组成与结构。

电机齿轮减速器齿轮驱动系统一般由交流伺服系统、伺服电机、后备电源、轮毂主控制器和执行机构等构成，见图2-5。

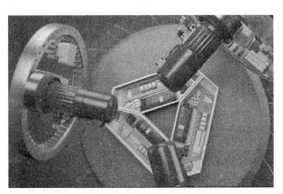

图2-5　一种电机齿轮减速器齿轮驱动系统

由变桨电机驱动多级行星齿轮减速器，见图2-6。动力输出由最末级的小齿轮传递至与叶片根部连接的变桨轴承的大齿圈上，直接对叶片角度进行控制，其减速比按照机组设计参数确定。部分厂家的机组采用液压电机替代电机驱动器，此时机组要配置相应的液压阀组和管路。与变桨轴承齿圈啮合的小齿轮应采用优质低碳合金钢渗碳淬火，齿面硬度值应达到 HRC58～62。

图 2-6　一种带伺服电机的变桨减速器

（2）电机通过齿形皮带驱动系统。

电机通过齿形皮带驱动系统一般由交流伺服系统、伺服电机、后备电源、轮毂主控制器和执行机构等构成。

由变桨电机驱动多级行星齿轮减速器，动力输出至与齿轮减速器连接的变桨驱动装置内传动皮带轮上。由最末级的皮带轮带动齿形皮带，动力输出传递至与叶片根部连接的变桨轴承上，直接对叶片角度进行控制，见图 2-7。常用齿形皮带有碳纤维带和钢丝带。

图 2-7　一种电机通过齿形皮带驱动

（3）油缸推动四连杆驱动系统。

油缸推动四连杆驱动系统主要由动力源液压泵站、控制阀块、储能器与执行机构伺服油缸等组成。液压伺服变桨机构是使用三个独立的液压私服油缸控制叶片绕自身轴线旋转，具有传动力矩大、重量轻、定位准确、执行机构动态响应速度快等特点，能够快速准确地把叶片调节至预定位置，见图2-8。

叶片通过机械连杆机构与液压缸相连接，节距角的变化同液压缸位移成正比。当液压缸活塞杆移动到最大位置时，最大节距角分别达到90°和-5°。液压缸的位移由电液比例阀进行精确控制。在负载变化不大的情况下，电液比例方向阀的输入电压与液压缸的速度成正比，为进行精确的液压缸位置控制，必须引入液压缸位置检测与反馈控制。

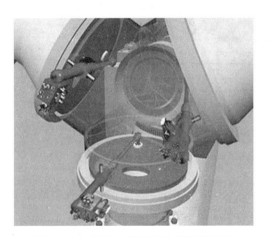

图2-8　一种油缸推动四连杆驱动系统

2. 变桨电机常见故障和分析

（1）电机轴承故障。电机轴承寿命到期或者润滑不良导致轴承抱死。

（2）电机转子故障。电机转子绝缘被击穿。

（3）电机发热故障。电机冷却风机损坏造成电机发热。

（4）电机电磁铁故障。电磁刹车盘损坏，电磁铁无法打开，刹车抱死造成电机无法启动。

3. 变桨系统齿轮啮合测量方法

变桨电机安装完成后，需按照设计要求调整变桨电机齿轮与变桨轴承齿轮啮合间隙。啮合间隙的测量方法分别为用压铅丝检验法、百分表检验法和轮齿接触斑点检验法。

（1）压铅丝检验法。将铅丝放置在小齿轮上，一般在齿宽方向两端各放置一根，对齿宽较大的可酌情放 3~4 根。铅丝直径一般不超过齿轮侧隙的四倍，铅丝的端部要放齐，使其能同时进入啮合的两齿轮之间。在放好铅丝后，均匀地旋转齿轮，使铅丝受到碾压。压扁后的铅丝用千分尺或游标卡尺测量其厚度，最厚部分的数值为齿顶间隙，相邻两较薄部分的数值之和为侧隙，见图 2-9。

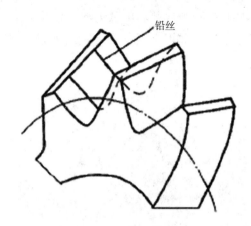

铅丝

图 2-9　压铅丝检验法

（2）百分表检验法。将一个齿轮固定，将百分表测头与另一个齿轮的齿面接触，将接触百分表测头的齿轮，从一侧啮合转到另一侧啮合，则百分表上的读数差值即为侧隙。

（3）轮齿接触斑点检验法。可用涂色法进行，将轮齿涂红丹后转动主动轮，使被动轮轻微制动。轮齿上印痕分布面积应该是，在轮齿高度上接触斑点不少于 30%~50%，在宽度上不少于 40%~70%（随齿轮的精度而定）。其分布的位置是自节圆处对称分布。通过涂色法检查，还可以判断产生误差的原因。直齿圆柱轮接触斑点情况，见图 2-10。

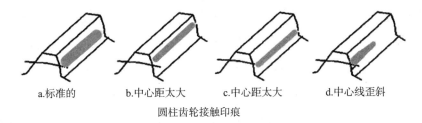

a.标准的　　　b.中心距太大　　　c.中心距太大　　　d.中心线歪斜

圆柱齿轮接触印痕

图 2-10　检查齿面接触情况

4. 变桨系统齿轮箱润滑油的检查和维护方法

（1）润滑油随着温度的升高，粘度将迅速降低。随之带来的润滑油体积的增加还会使油位过高，导致齿轮箱在运转过程中润滑油会从通气帽中泄漏出；而随温度降低，粘度增大，油位下降，将会影响齿轮箱运转过程中的润滑。因此，安装变桨系统齿轮箱前需按照齿轮箱厂家要求，通过油窗检查齿轮箱润滑油位。如果润滑油过多，则打开放油嘴放油至油窗指定位置；如果过少，则需把油加达到油窗指定位置。不同温度下的推荐加油油位可参考表 2-1。

表 2-1　一种齿轮箱推荐加油油位

环境温度	加油量
≤0 ℃	加至最小油位线
0 ℃~20 ℃	加至最大与最小油位线的 1/2 处
20 ℃~40 ℃	加至最大与最小油位线的 1/2~2/3 处
≥40 ℃	加至最大油位线

（2）加注润滑油的速度不能过快，否则会使润滑油中空气泡数量增多，造成油位显示差异巨大。

（3）安装完成后，需检查齿轮箱各可能的泄漏点是否有漏油现象。

（4）齿轮箱试运转过程中，每隔一段时间记录一次油温及输入输出轴承部位温度。达到工作转速后，注意齿轮箱有无异响。检查齿轮箱各可能泄漏点是否渗油；如有渗油，应及时采取措施排除故障。

（5）在使用过程中，如果发现油温显著升高，产生不正常噪音等现象时，应停止使用、查明原因、排除故障、更换新油后，再使用。

5. 罩壳与轮毂的调整

通过调整导流罩前后支架总成的位置，使导流罩总成中安装叶片的孔与轮毂上安装的变桨轴承同轴。同轴度误差必须满足设计要求。

6. 调整和测量齿形皮带的频率方法（齿形皮带传动）

以一种电机通过齿形皮带驱动系统齿形皮带频率调整方法为例，详细调整过程如下。

（1）分别测量长边和短边频率，测量方法见图2-11。要求测量三次求平均值，并做记录。

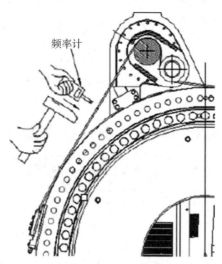

频率计

图2-11　一种齿形皮带频率测量方法

（2）将调整用紧固件进行预紧，并按照要求在紧固件指定位置涂抹润滑剂或者螺纹锁固胶。

（3）按照设计要求夹紧齿形皮带，使间隙A符合设计要求，并保证左右两侧间隙均匀。见图2-12。

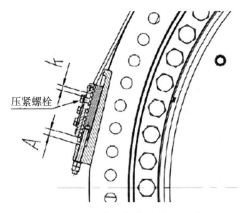

图 2-12 一种预紧装置施工示意图

（4）左右两侧调整用紧固件交替打力矩，力矩值不得超过设计值。如力矩达到设计值时，间隙未在要求范围内，需进行三次正反 180°变桨（范围−90°~+90°）。然后，继续调整两侧间隙，使其达到要求值。

（5）安装压紧螺栓，但不紧固。

（6）边调整边测量频率，使其最终达到齿形皮带频率的设计要求。

（7）正反 180°三次变桨，测量齿形皮带频率。如齿形皮带效率未达到要求，重复 4~7 步骤。

（8）频率调整好后，安装防松螺母。

（9）拧紧压紧螺栓，并打力矩。

 复习思考题

1. 简述目前风力发电机组变桨驱动编码器的分类与特性。

2. 简述目前风力发电机组变桨电机的类型与性能。

3. 简述目前风力发电机组变桨系统齿轮啮合间隙测量方法。

4. 简述目前风力发电机组变桨电机的常见故障和分析。

5. 简述目前风力发电机组齿形皮带的频率调整和测量方法。

第三章 传动链的装配与调整

学习目的：

1. 了解传动链系统的结构知识。
2. 了解主轴总成的装配过程。
3. 了解主轴护罩和制动器的安装过程。
4. 了解防雷装置、温度传感器 PT100 和液位传感器。

第一节 传动链的概述

一、传动链的布置方式

传动链典型的布置方式应基于风力发电机的设计方法，同时还要考虑风轮与发电机系统的设计与制造能力。目前，风力发电机机组传动系统的布置方式主要有以下五种。

（1）一字形。一字形布置采用得最多，见图 3-1。这种布置对中性好，负载分布均匀，但主轴较短，主轴承承载较大。

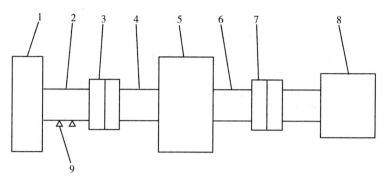

图 3-1　传动系统一字形布置

1- 轮毂；2- 主轴；3、7- 联轴器；4- 齿轮箱低速轴；5- 齿轮箱；

6- 齿轮箱高速轴；8- 发电机；9- 主轴承

（2）回流式。这种布置可以缩短机舱长度，增加主轴长度，减少负载分布的不均匀性。见图 3-2。

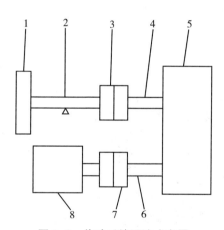

图 3-2　传动系统回流式布置

1- 轮毂；2- 主轴；3、7- 联轴器；4- 齿轮箱低速轴；5- 齿轮箱；

6- 齿轮箱高速轴；8- 发电机

（3）分流式。这种布置方式使用两台发电机，用得较少。见图 3-3。

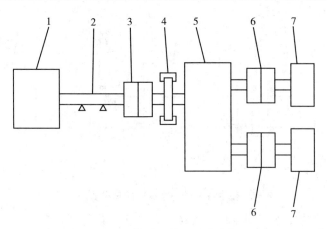

图 3-3　传动系统分流式布置

1- 轮毂；2- 低速轴；3、6- 联轴器；4- 制动器；5- 齿轮箱；7- 发电机

（4）直驱无齿轮箱结构。直驱型风力发电机组不适用齿轮箱，采用风轮与发电机转子共用一个轴的方式。这种方式使用零件最少，因此故障率低于齿轮箱结构。在维修困难的地方使用直驱发电机组是最佳选择，比如山顶会泽海上。风轮不是悬臂结构，其动态稳定性好、寿命长、可靠性高。见图 3-4。

图 3-4　直驱式无齿轮箱结构

（5）混合驱动结构。这种结构形式是通过低速传动的齿轮箱增速，进而部分提高发电机的输出转速。这种结构结合了直驱型和传统形式的优点。见图 3-5。

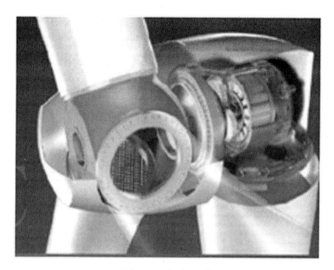

图 3-5 混合驱动

风力发电机组的主传动链是指风轮轴、齿轮箱和发电机之间的装配关系。主轴总成属于部件装配。主传动链装配就是使用联轴器将风轮轴、齿轮箱和发电机连接起来。见图 3-6。

图 3-6 传动系统总成

双馈风力发电机的传动系统主要包含主轴、主轴承、轴承座、锁紧盘、齿轮箱、齿轮箱弹性支撑、高速制动器、弹性联轴器等。主轴与齿轮箱之间通过一个用螺栓锁紧的胀紧连接套连接。主轴采用高强度合金材料制成，能够将风轮产生推力和弯矩通过主轴承传递至机架，并将扭矩即机械功率传递至齿轮箱。

风力发电传动系统齿轮箱主要有：一级行星齿轮和两级平行轴齿轮传动组成的齿轮箱、两级行星和一级圆柱齿轮分流传动的齿轮箱、三级平行轴圆柱齿轮箱和差动齿轮传动齿轮箱。大型风力发电机组的齿轮箱多采用前两种形式。

齿轮箱采用一级行星和两级平行轴斜齿传动结构，齿轮箱通过弹性支撑系统与机架进行连接，可以有效降低齿轮箱的冲击载荷和运行噪音。齿轮箱配备加热和冷却系统，可使齿轮箱的齿面和轴承均获得良好的冷却，因此可保证机组在较高的环境温度和额定功率下保持平衡，齿轮箱的轴承和油温也受到监控。见图3-7。

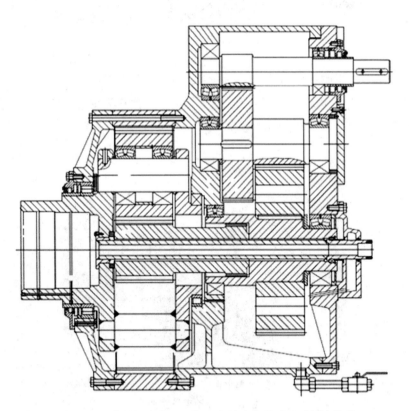

图3-7　一级行星齿轮和两级平行轴齿轮传动组成的齿轮箱

二、常用量具的使用方法

在风机装配过程中，为了能使产品零件符合规定标准的技术要求，保证零件装配时的互换性，要求工艺技术人员、生产工人正确选择和使用各种量具，对产品零件做出正确的测量。为此，本节对常用的卡尺、千分尺等线值量具和百分表、杠杆表等表类量具的正确选择与使用技巧做一个简要的介绍。

（一）游标卡尺

1. 普通游标卡尺

游标卡尺是工业上常用的测量长度的仪器，它由尺身和能在尺身上滑动的游标组成，见图 3-8 和图 3-9。若从背面看，游标是一个整体。游标与尺身之间有一个弹簧片，利用弹簧片的弹力使游标与尺身靠紧。游标上部有一个紧固螺钉，可将游标固定在尺身上的任意位置。尺身和游标都有量爪，利用内测量爪可以测量槽的宽度和管的内径；利用外测量爪可以测量零件的厚度和管的外径。深度尺与游标尺连在一起，可以测量槽和筒的深度。

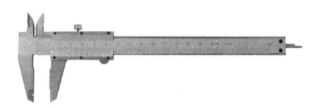

图 3-8 普通游标卡尺

图 3-9 数显游标卡尺

游标卡尺尺身和游标尺上面都有刻度。以准确到 0.1 mm 的游标卡尺为例，尺身上的最小分度是 1 mm。游标尺上有 10 个小的等分刻度，总长 9 mm。每一分度为 0.9 mm，比主尺上的最小分度相差 0.1 mm。量爪并拢时，尺身和游标的零刻度线对齐，它们的第一条刻度线相差 0.1 mm，第二条刻度线相差 0.2 mm……第 10 条刻度线相差 1 mm，即游标的第 10 条刻度线恰好与主尺的 9 mm 刻度线对齐。见图 3-10。

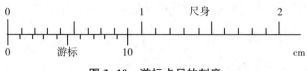

图 3-10　游标卡尺的刻度

当量爪间所量物体的线度为 0.1 mm 时，游标尺应向右移动 0.1 mm。这时它的第一条刻度线恰好与尺身的 1 mm 刻度线对齐。同样，当游标的第五条刻度线与尺身的 5 mm 刻度线对齐时，说明两量爪之间有 0.5 mm，可依此类推。

在测量大于 1 mm 的长度时，整的毫米数要从游标 "0" 线与尺身相对的刻度线读出。

2. 游标卡尺的使用

用软布将量爪擦干净，使其并拢，查看游标和主尺身的零刻度线是否对齐。如果对齐就可以进行测量，如没有对齐则要记取零误差。游标的零刻度线在尺身零刻度线右侧的叫正零误差，在尺身零刻度线左侧的叫负零误差。（这种规定方法与数轴的规定一致，原点以右为正，原点以左为负）测量时，右手拿住尺身，大拇指移动游标，左手拿待测外径（或内径）的物体，使待测物位于外测量爪之间，当与量爪紧紧相贴时，即可读数。见图 3-11。

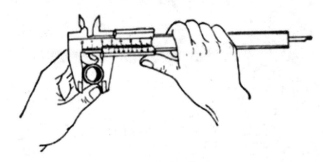

图 3-11　游标卡尺的使用

游标卡尺的正确使用方法如下。

（1）使用前，应对零值正确性进行检查。观察游标的零刻线和尾刻线与尺身的对应线是否对准。

（2）测量时，应以固定量爪定位，摆动活动量爪，找到正确位置进行读数。测量时，两量爪不应倾斜。

（3）对于有测量深度尺的，以游标卡尺尺身端面定位，然后推动尺框使测度尺测量面与被测表面贴合。同时，应保证深度尺与被测尺寸方向一致，不得向任意方向倾斜。

（4）因游标卡尺无测力装置，测量时要掌握好测力。使用时，必须拧紧微动装置上的紧固螺钉，再转动微动螺母。量爪微动过大或过小，对尺寸都易造成偏差。

（5）测量弯管外径和圆弧形空刀槽直径，应用刀口形外量爪。

（6）测量内尺寸时，游标卡尺的读数加上内量爪实际尺寸，才是所测工件的内尺寸。

3. 游标卡尺的读数

读数时，首先以游标零刻度线为准在尺身上读取毫米整数，即以毫米为单位的整数部分。然后看游标上第几条刻度线与尺身的刻度线对齐，如第 6 条刻度线与尺身刻度线对齐，则小数部分即为 0.6 mm（若没有正好对齐的线，则取最接近对齐的线进行读数）。如有零误差，则一律用上述结果减去零误差（零误差为负，相当于加上相同大小的零误差）。读数结果为：L=整数部分+小数部分−零误差。

判断游标上哪条刻度线与尺身刻度线对准，可用下述方法：选定相邻的三条线，如左侧的线在尺身对应线之右，右侧的线在尺身对应线之左，中间那条线便可以认为是对准了，见图 3-12。如果需测量几次取平均值，那么不需要每次都减去零误差，只要从最后结果减去零误差即可。

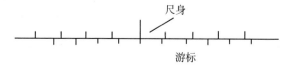

图 3-12　游标卡尺的读数

4. 游标卡尺的精度

在实际工作中，常用精度为 0.05 mm 和 0.02 mm 的游标卡尺。它们的工作原理和使用方法与精度为 0.1 mm 的游标卡尺相同。精度为 0.05 mm 的游标卡尺的游标上有 20 个等分刻度，总长为 19 mm。测量时，如游标上第 11 根刻度线与主尺对齐，则小数部分的读数为 11/20 mm = 0.55 mm。如第 12 根刻度线与主尺对齐，则小数部分读数为 12/20 mm = 0.60 mm。

一般来说，游标上有 n 个等分刻度，它们的总长度与尺身上 $(n-1)$ 个等分刻度的总长度相等。若游标上最小刻度长为 x，主尺上最小刻度长为 y。

则 $nx = (n-1) y$， $x = y - (y/n)$。

主尺和游标的最小刻度之差为：$\Delta x = y - x = y/n$。

y/n 叫游标卡尺的精度，它决定读数结果的位数。由公式可以看出，提高游标卡尺的测量精度在于增加游标上的刻度数或减小主尺上的最小刻度值。一般情况下，y 为 1 mm，n 取 10、20、50，那么其对应的精度为 0.1 mm、0.05 mm、0.02 mm。精度为 0.02 mm 的机械式游标卡尺，由于受到本身结构精度和人的眼睛对两条刻线对准程度分辨力的限制，其精度不能再提高。

5. 游标卡尺的保管

游标卡尺使用完毕，要用棉纱擦拭干净。长期不用时，应将它擦上黄油或机油，将两量爪合拢并拧紧紧固螺钉，放入卡尺盒内盖好。

注意事项：

（1）游标卡尺是比较精密的测量工具，要轻拿轻放，不得碰撞或使其跌落在地。使用时，不要用来测量粗糙的物体，以免损坏量爪。不用时，应置于干燥地方防止锈蚀。

（2）测量时，应先拧松紧固螺钉，移动游标时不能用力过猛。两量爪与待测物的接触不宜过紧。不能使被夹紧的物体在量爪内挪动。

（3）读数时，视线应与尺面垂直。如需固定读数，可用紧固螺钉将游标固定在尺身上，防止滑动。

（4）实际测量时，对同一长度应多测几次，取其平均值来消除偶然误差。

（二）千分尺

图 3-13 外径千分尺

1. 外径千分尺

外径千分尺简称为千分尺，它是比游标卡尺更精密的长度测量仪器。常见的一种千分尺如图 3-13 所示，它的量程是 0~25 mm，分度值是 0.01 mm。外径千分尺的结构由固定的尺架、测砧、测微螺杆、固定套管、微分筒、测力装置、锁紧装置等部分组成。固定套管上有一条水平线，这条线的上下各有一列间距为 1 mm 的刻度线，上面的刻度线恰好在下面两相邻刻度线的中间。微分筒上的刻度线是将圆周分为 50 等分的水平线，它是旋转运动的。

根据螺旋运动原理，当微分筒（又称可动刻度筒）旋转一周时，测微螺杆前进或后退一个螺距-0.5 mm。这样，当微分筒旋转一个分度后，它转过了 1/50 周。这时，螺杆沿轴线移动了 $1/50 \times 0.5$ mm $= 0.01$ mm。因此，使用千分尺可以准确读出 0.01 mm 的数值。

2. 外径千分尺的零位校准

使用千分尺时，首先要检查其零位是否校准，应先松开锁紧装置，清除油污，特别是要将测砧与测微螺杆间的接触面清洗干净。检查微分筒的端面是否与固定套管上的零刻度线重合。若不重合，应先旋转旋钮，直至螺杆要接近测砧时，旋转测力装置。当螺杆刚好与测砧接触时，会听到喀喀声，这时停止转动。如两零线仍不重合（两零线重合的标志是：微分筒的端面与固定刻度的零线重合，且可动刻度的零线与固定刻度的水平横线重合），可将固定套管上的小螺丝松动，用专用扳手调节套管的位置，使两零线对齐，再把小螺丝拧紧。不同厂家生产的千分尺的调零方法不一样，这里仅是其中的一种。

检查千分尺零位是否校准时，要使螺杆和测砧接触，偶而会发生向后旋转测力装置两者不分离的情形。这时，可用左手手心用力顶住尺架上测砧的左侧，右手手心顶住测力装置，再用手指沿逆时针方向旋转旋钮。这样做可以使螺杆和测砧分开。

3. 外径千分尺的读数

读数时，先以微分筒的端面为准线，读出固定套管下刻度线的分度值（只读出以毫米为单位的整数），再以固定套管上的水平横线作为读数准线，读出可动刻度上的分度值。读数时，应估读到最小刻度的 1/10，即 0.001 mm。如果微分筒的端面与固定刻度的下刻度线之间无上刻度线，测量结果即为下刻度线的数值加可动刻度的值。如微分筒端面与下刻度线之间有一条上刻度线，测量结果应为下刻度线的数值加上 0.5 mm，再加上可动刻度的值。

4. 外径千分尺的零误差的判定

校准好的千分尺，当测微螺杆与测砧接触后，可动刻度上的零线与固定刻度上的水平横线应该是对齐的。如果没有对齐，测量时就会产生系统误差——零误差。如无法消除零误差，则应考虑它们对读数的影响。若可动刻度的零线在水平横线上方，且第 x 条刻度线与横线对齐，即说明测量时的读数要比真实值小 x/100 mm，这种零误差叫做负零误差；若可动刻度的零线在水平横线的下方，且第 y 条刻度线与横线对齐，则说明测量时的读数要比真实值大 y/100 mm，这种零误差叫正零误差。对于存在零误差的千分尺，测量结果应等于读数减去零误差，即物体长度=固定刻度读数+可动刻度读数−零误差。

5. 使用千分尺时的注意事项

（1）千分尺是一种精密的量具，使用时应小心谨慎、动作轻缓，不要让它受到打击和碰撞。

（2）千分尺内的螺纹非常精密，使用时要注意：①旋钮和测力装置在转动时都不能过分用力；②当转动旋钮使测微螺杆靠近待测物时，一定要改旋测力装置，不能转动旋钮使螺杆压在待测物上；③当测微螺杆与测砧已将待测物卡住或旋紧锁紧装置的情况下，决不能强行转动旋钮。

（3）有些千分尺为了防止手温使尺架膨胀引起微小的误差，在尺架上装有隔热装置。实验时应手握隔热装置，而尽量少接触尺架的金属部分。

（4）使用千分尺测同一长度时，一般应反复测量几次，取其平均值作为测量结果。

（5）千分尺用毕后，应用纱布擦干净，在测砧与螺杆之间留出一点空隙，放入盒中。如长期不用，可抹上黄油或机油，将其放置在干燥的地方。注意不要让它接触腐蚀性的气体。

（三）百分表的使用

1. 结构

（1）百分表的结构。百分表主要由表圈、主指针、转数指针、转数指示盘、测量杆、测量头、表盘和表体等组成。见图3-14。

（2）杠杆百分表的结构。杠杆百分表主要由指针、表圈、表体、测杆、测头、换向器、夹持柄等组成。见图3-15。

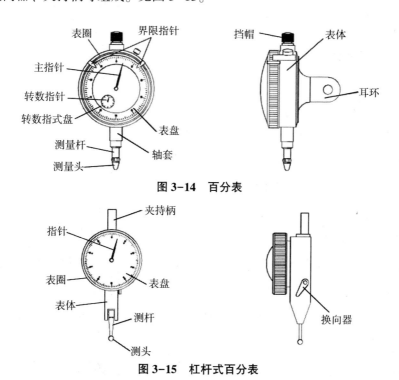

图3-14　百分表

图3-15　杠杆式百分表

2. 百分表的读数

百分表是测量工件表面形状误差和相互位置的一种量具，如轴弯曲度、推理盘飘偏度等。广泛应用于机械制造、安装、检修工作中。

百分表的动作原理：将测量杆的直线位移，通过齿条和齿轮传动，转换成表盘上指针的旋转运动。测量杆位移 1 mm，表盘指针旋转一周，一周均匀分，表盘指针旋转一周，一周均匀分成 100 刻度，每一刻度为 0.01 mm。由于还能再估读一位，可读到毫米的千分位，因此有时也称之为千分表。

带有测头的测量杆，对刻度圆盘进行平行直线运动，并把直线运动转变为回转运动传送到长针上。此长针会把测杆的运动量显示到圆形表盘上。

（1）盘式指示器的指针随量轴的移动而改变，因此测定只需读指针所指的刻度。在图 3-16 中，右图为测量段的高度例图，首先将测头端子接触到下段，把指针调到"0"位置。然后，把测头调到上段，读指针所指示的刻度即可。

（2）一个刻度是 0.01 mm，若长针指到 10，台阶高差是 0.1 mm。

（3）量物若是 4 mm 或 5 mm，长针不断地回转时，最好看短针所指的刻度，然后加上长指针所指的刻度。

3. 百分表的使用方法

（1）测量面和测杆要垂直。

（2）使用规定的支架。

（3）测头要轻轻地接触测量物或方块规。

（4）测量圆柱形产品时，测杆轴线与产品直径方向一致。

4. 杠杆百分表的读数和使用方法

（1）杠杆百分表的分度值为 0.01 mm，测量范围不大于 1 mm，它的表盘是对称刻度的。见图 3-16。

（2）测量面和测头在使用时须在水平状态，即使在特殊情况下，测量面和测头也应该在 25°以下。

（3）使用前，应检查球形测头。如果球形测头已被"磨"出平面，就不应再继续使用。

（4）杠杆百分表测杆能在正反方向上进行工作。根据测量方向的要求，应把换向器搬到需要的位置上。搬运测杆，可使测杆相对杠杆百分表壳体转动一个角度。根据测量需要，应搬运测杆，使测量杆的轴线与被测零件尺寸变化方向垂直。

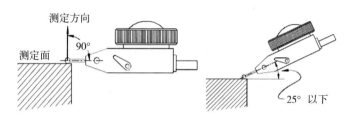

图 3-16 杠杆式百分表的使用

5. 百分表的使用和注意事项

（1）百分表在使用前应首先把表杆推动或拉动两三次，检查指针是否能回到原位。不允许使用不能复位的表。

（2）在测量时，先将表夹持在表架上，表架要稳。若表架不稳，则应将表架用压板固定在机体上。在测量过程中，必须保持表架始终不产生位移。

（3）在测量杆接触测点时，应使测量杆压入表内一小段行程，以保证测量杆的测头始终与测点接触。

（4）在测量杆的中心线应垂直于测点平面。若测量为轴类，则测量杆中心应通过并垂直于轴心线。

（5）在测量中应注意长针的旋转方向和短针走动的格数。

（四）万能角度尺的使用

1. 结构

Ⅰ型万能角度尺的结构，见图 3-17。

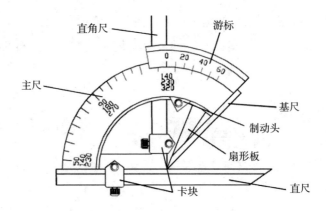

图 3-17　Ⅰ型万能角度尺的结构

Ⅱ型万能角度尺的结构，见图 3-18。

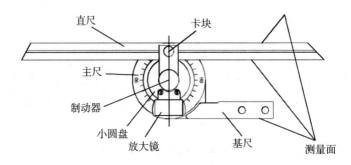

图 3-18　Ⅱ型万能角度尺的结构

2. 万能角度尺的使用方法

测量时，根据产品被测部位的情况，先调整好角尺或直尺的位置。用卡块上的螺钉把它们紧固住，再来调整基尺测量面与其他有关测量面之间的夹角。这时，要先松开制动头上的螺母，移动主尺做粗调整。然后，再转动扇形板背面的微动装置做细调整，直到两个测量面与被测表面密切贴合为止。最后，拧紧制动器上的螺母，把角度尺取下来进行读数。

（1）测量 0°~50°角度时，可把角尺卸掉，把直尺装上去，使它与扇形板连在一起。要将工件的被测部位放在基尺和直尺的测量面之间进行测量。见图 3-19。

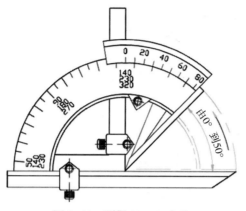

图 3-19　测量 0°~50° 角度

（2）测量 50°~140° 角度时，可把角尺卸掉，把直尺装上去，使它与扇形板连在一起。工件的被测部位放在基尺和直尺的测量面之间进行测量。见图3-20。

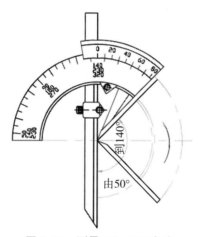

图 3-20　测量 50°~140° 角度

也可以不拆下角尺，只把直尺和卡块卸掉，再把角尺拉到下边来，直到角尺短边与长边的交线和基尺的尖棱对齐为止。把工件的被测部位放在基尺和角尺短边的测量面之间进行测量。见图 3-21。

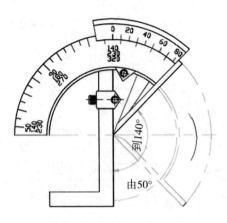

图 3-21　测量 50°~140°角度

（3）测量 140°~230°角度时，把直尺和卡块卸掉，只装角尺。但要把角尺推上去，直到角尺短边与长边的交线和基尺的尖棱对齐为止。要把工件的被测部位放在基尺和角尺短边的测量面之间进行测量，见图 3-22。

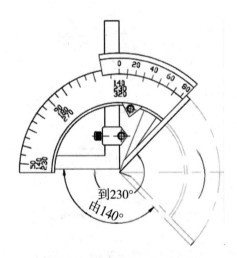

图 3-22　测量 140°~230°角度

（4）测量 230°~320°角度时，把角尺、直尺和卡块全部卸掉，只留下扇形板和主尺（带基尺）。然后，把产品的被测部位放在基尺和扇形板测量面之间进行测量。见图 3-23。

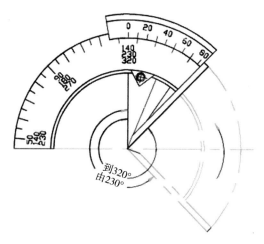

图 3-23　测量 230°～320°角度

3. 万能角度尺的读数方法

万能角度尺的读数装置，是由主尺和游标组成的，也是利用游标原理进行读数。如图 3-24 所示，万能角度尺主尺上均匀地刻有 120 条刻线，每两条刻线之间的夹角是 1 度，这是主尺的刻度值。游标上也有一些均匀刻线，共有 12 个格，与主尺上的 23 个格正好相符，因此游标上每一格刻线之间的夹角是：$23°/12 =$（$60' \times 23$）$/12 = 115'$，主尺两格刻线夹角与游标一格刻线夹角的差值为：$2° - 115'$ $= 120' - 115' = 5'$。这就是游标的读数值（分度值）。

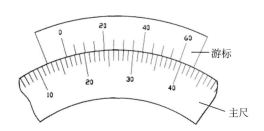

图 3-24　万能角度尺的读数

4. 万能角度尺的读数方法可分三步

（1）先读"度"的数值——看游标零线左边，主尺上最靠近一条刻线的数值，读出被测角"度"的整数部分，图 3-24 被测角"度"的整数部分为 16。

（2）再从游标尺上读出"分"的数值——看游标上哪条刻线与主尺相应刻

线对齐，可以从游标上直接读出被测角"度"的小数部分，即"分"的数值。图 3-24 游标的 30 刻线与主尺刻线对齐，故小数部分为 30。

（3）被测角度等于上述两次读数之和，即 $16°+30'=16°30'$。

（4）主尺上基本角度的刻线只有 90 个分度，如果被测角度大于 90°，在读数时，应加上一基数（90，180，270），即当被测角度

>90°~180°时，被测角度=90°+角度尺读数；

>180°~270°时，被测角度=180°+角度尺读数；

>270°~320°时，被测角度=270°+角度尺读数。

（五）直角尺的使用

直角尺是标准的直角仪器，测定直角时使用，用目视判断即可。但若要进行数字性的评价时，则需使用其他量规或测定器。

测量时，要使直角尺的一边贴住被测面并轻轻压住，然后再使另一边与被测件表面接触。见图 3-25 和图 3-26。

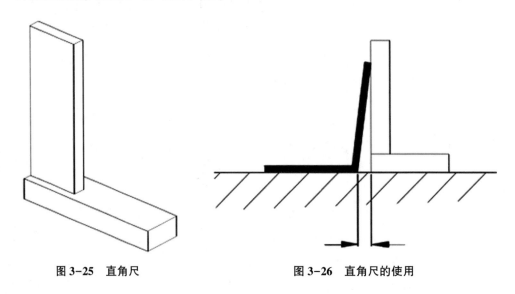

图 3-25　直角尺　　　　　　图 3-26　直角尺的使用

（六）V 型块的使用

V 型块用来固定测定物，是测定的辅助用具。使用 V 型块时需要检查各平面

的平面度两平面的平行度。使用两个以上的 V 型块时，必须检查各 V 型块之间的对称度。见图 3-27 和图 3-28。

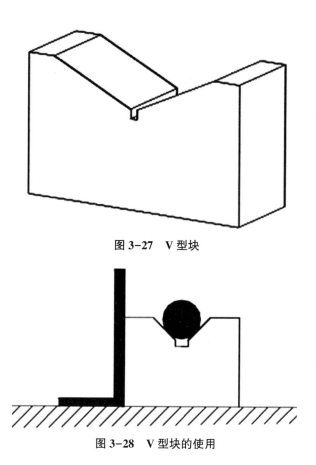

图 3-27　V 型块

图 3-28　V 型块的使用

（七）螺纹规

螺纹规根据所检验内外螺纹分为螺纹塞规和螺纹环规，另外还有一种片状的牙型规。

1. 螺纹塞规

螺纹塞规是测量内螺纹尺寸的正确性的工具，可分为普通粗牙、细牙和管子螺纹三种。见图 3-29。螺距为 0.35 mm 或更小的，2 级精度和高于 2 级精度的螺纹塞规，以及螺距为 0.8 mm 或更小的 3 级精度的螺纹塞规都没有止端测头。

100 mm以下的螺纹塞规为锥柄螺纹塞规。100 mm 以上的为双柄螺纹塞规。

（1）检测作用。螺纹塞规模拟被测螺纹的最大实体牙型，螺纹塞规检验被测螺纹的作用中径是否超过其最大实体牙型的中径，同时检验底径实际尺寸是否超过其最大实体尺寸。

（2）螺纹塞规使用方法和注意事项如下所示。

①所选螺纹塞规型号必需与测试产品的型号一致。

②当螺纹塞规"T"头与产品锁合时，产品螺牙需全部锁入。

③当螺纹塞规"Z"头与产品锁合时，产品螺牙锁入不得超过3圈。

图 3-29　螺纹塞规

2. 螺纹环规

螺纹环规用于测量外螺纹尺寸的正确性，通端一件、止端一件。止端环规在外圆柱面上有凹槽。当尺寸在 100 mm 以上时，螺纹环规为双柄螺纹环规型式。规格分为粗牙、细牙和管子螺纹三种。螺距为0.35 mm 或更小的2级精度、高于2级精度的螺纹环规，以及螺距为0.8 mm 或更小的3级精度的螺纹环规都没有止端。见图3-30。螺纹环规使用方法和注意事项如下所示：

①螺纹环规使用时，应注意被测螺纹公差等级和偏差代号要与环规标识的公差等级、偏差代号相同。

②检验测量过程。首先，要清理干净被测螺纹油污及杂质，然后在环规与被测螺纹对正后，用大母指与食指转动环规，使其在自由状态下旋合通过螺纹全部长度判定合格，否则以不通判定。

③螺纹环规使用完毕后，应及时清理干净测量部位附着物，并将其存放在规定的量具盒内。

④生产现场在用量具应摆放在工艺定置位置，要轻拿轻放，以防止磕碰而损坏测量表面。严禁将量具作为切削工具强制旋入螺纹，避免造成早期磨损。可调节螺纹环规严禁非计量工作人员随意调整，以确保量具的准确性。环规长时间不用，应交计量管理部门妥善保管。

⑤所选螺纹环规型号必需与测试产品的型号一致。

⑥当螺纹环规"T"头与产品锁合时，产品螺牙需全部锁入。

⑦当螺纹环规"Z"头与产品锁合时，产品螺牙锁入不得超过3圈。

图 3-30　螺纹环规

3. **牙型规**。螺纹塞规和环规一般在制造时使用，便于控制质量。牙型规一般在生产中使用，一组牙规包括了常用的牙形 0.5/0.6/0.7/0.75/0.8/0.9/1.0/1.25/1.5/1.75/27。只要牙规与牙型吻合，就可确认未知螺纹的牙距。见图3-31。

图 3-31　牙型规

（八）平台的使用

平台是为了进行精密部品的检查，大体上能保持良好的平面度。若把测定部品及测定机放在平台上测定，与平台的接触面就成了基准面。因整个面平滑，所以可将自由移动面作为基准面使用。见图3-32。

　　若灰尘太多，测定就不正确，且平台亦容易受损伤，平常要注意清扫。为了避免平台的损伤，要注意测定辅助具等的正确使用。

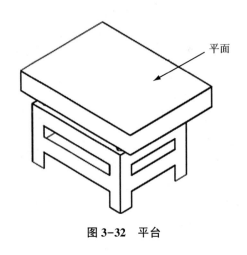

图3-32　平台

三、风力发电重点部件的润滑要求

　　在风机领域，润滑油主要用于主变速箱、变桨和偏航变速箱、制动液压控制和变桨控制、偏航和主轴承等部位。其中，最关键的是带动发动机运转的主变速箱，它也是齿轮传动箱风机的心脏。

　　1. 各部件的润滑

　　（1）齿轮箱的润滑。齿轮箱是风力发电机的主要润滑部位，用油量占风力发电机用油量的3/4左右。齿轮箱多采用油池飞溅式润滑或压力强制循环润滑。所用的齿轮油除了具有良好的极压抗磨性能、冷却性能和清洗性能外，还应具有良好的热氧化稳定性、水解安定性、抗乳化性能、粘温性能、低温性能和较长的使用寿命。同时，它还应具有较低的摩擦系数以降低齿轮传动中的功率损耗。

　　（2）发电机轴承的润滑。轴承是发电机的主要润滑点，长期运转温度可达80℃以上若夏天在旷野地带受太阳直射，它的温度会更高。因此，要求发电机轴承润滑脂能够在高温下保持良好的润滑而不流失。此外，而且发电机功率较大，还要求润滑脂具有良好的抗磨极压性能、抗氧化性能和防锈性能。

（3）偏航系统轴承和齿轮的润滑。偏航系统可以使风轮扫掠面积总是垂直于主风向，虽然速度不快，但偏转轴承和齿轮承受的负荷较大，而且偏转齿轮一般为开式结构，由于不像发电机轴承运转速度快，自身产生热量相对少，因而受气候环境影响大。针对我国风力发电机的分布情况，对偏航轴承润滑脂的极压抗磨性能、低温性能、热安定性和胶体安定性要求较高此外，偏航齿轮润滑脂则还需要有较好的粘附性能和防腐蚀性能。偏航系统的偏转驱动机构需要使用减速器，电动机通过大速比的行星齿轮减速器驱动机头转向，因此一般推荐粘温性能好、抗防腐防锈性能好、极压抗磨性能和抗氧化性能好的齿轮油。

（4）液压刹车系统的润滑。国内常见 600 kW 和 750 kW 风力发电机的刹车系统分别为叶尖气动刹车系统和高速轴机械阀刹车系统，采用失效–安全保护模式。风力发电机液压系统使用的液压油要求具有良好的粘温性能、防腐防锈性能和优异的低温性能，以适应北方寒冷的气候。

由于其位置关键，因此对于主变速箱正常运转尤为重要，润滑油用于变速箱后能够为其提供良好的保护。例如，降低齿轮传动中的功率损耗，密闭作用可以防止风沙、灰尘对变速箱系统的侵蚀等。

事实上，在风机运转一段时间后，可以根据风机上润滑油的成分对风机运行情况进行监测，以保证风机有效工作小时数。在工作一定周期后，风机润滑油要及时进行二次注油。

润滑油在齿轮传动中所起的主要作用是降低摩擦阻力、减小磨损，以尽可能地延长机械零件的使用寿命。此外，润滑油还具有冷却、冲洗、保护、密封、防锈、卸荷、减震，对添加剂起载体及结构材料等作用。

2. 齿轮油的润滑管理及使用中应注意的问题

（1）对于稀油集中润滑的减速机系统，由于润滑油或油箱温度有较为严格的要求，因此通常采用冷却器或冷却盘管使之冷却。虽然要求齿轮油有较好的抗乳化性能，但油中渗入相当数量的水后，极易使油品乳化。加有极压抗磨剂的齿轮油乳化后，添加剂被水解或沉淀分离而失去原有性能，并产生有害物质，使齿轮油迅速变质，失去使用性能。因此，乳化的油品绝对不可以继续使用。对于水（或汽）冷却的润滑系统—定要注意防止水（汽）泄漏，以免对减速机造成不必要的损伤。

（2）对于采用泵进行循环润滑的减速机系统，要注意泵的压差并应及时清理滤网。如果在短时间内泵的压差较大，或清理滤网的频率明显增加，并且滤网上的油泥、金属磨屑明显增多，这在一定意义上说明润滑油的使用状态不是很好。除了材料、设计方面的问题外，可以说润滑油选用得不合理：一是粘度不够合适，二是可以用重负荷代替中负荷，即选用高一档次的齿轮油，效果会明显好转。

（3）必须避免新油倒入旧油的混用（而非按规定进行补油），或因粘度下降但为了达到某一粘度而加入高粘度油的做法。这样做，可能会有一些短期效果，但油品的使用性能会明显下降，同时会使设备的润滑条件变差，导致磨损增加，一定意义上会缩短设备的使用寿命。另外，可能因为主剂不同，混用时会发生添加剂"打架"的事情，而使添加剂应起的作用相互抵消，对设备造成的损坏。

（4）关于更换油的周期问题。从理论上讲，换油期短，能更好地减小摩擦副磨损并延长减速机的使用寿命，同时为保证其正常运转提供了一个必要条件。但从经济效益的角度出发，应更准确和有效地使用油品。是否更换油、何时换油，除了遵循换油期规定外，还应考虑设备的开工时间、开工率等因素，从而使油品最大限度地发挥作用。

（5）要定期检测用油设备的油温、振动、噪声等情况。因为润滑条件变差造成齿面损伤时，均可直接导致振动及噪声明显加强。

第二节　装配主轴总成和齿轮箱

在风力发电机组中，除了直驱式以外，其他形式的机组都有齿轮箱。齿轮箱是传动中的主要零部件。齿轮箱按用途不同可分为简述齿轮箱和增速齿轮箱。在风力发电机组传动系统中，齿轮箱的作用是将风轮动力传递给发电机并使其得到相应的转速。由于机组风轮转速相对较低，为满足发电机的工作条件，在风轮和发电机之间就必须有齿轮箱来增速，所以也将其称为增速箱。

一、主轴与齿轮箱的组对

（一）胀紧连接套介绍

主轴与齿轮箱装配需要使用胀紧联结套，因此首先介绍一下胀紧联结套。胀紧联结套结构见图 3-33。

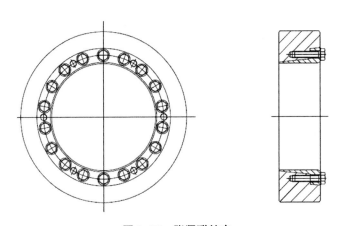

图 3-33 胀紧联结套

1. 胀紧连接套（简称胀套）的主要用途

胀紧联接套代替单键和花键的联结作用，以实现机件与轴的联结，用以传递负荷。使用时，它通过高强度螺栓的作用，使内环与轴之间、外环与轮毂之间产生巨大抱紧力。当承受负荷时，靠胀套与机件的结合压力和相伴产生的摩擦力传递扭矩，轴向力或二者的复合载荷。

胀紧联结套是一种新型传动联结方式，胀套联结具有独特的优点。

（1）使用胀套使主机零件制造和安装变得简单。安装胀套的轴和孔的加工不像过盈配合那样要求高精度的制造公差。胀套安装时无须加热、冷却也不需要加压设备，只需将螺栓按要求的力矩拧紧即可。且调整方便，可以将胀套在轴上方便地调整到所需位置。胀套也可用来联结焊接性差的零件。

（2）胀套的使用寿命长，强度高。胀套依靠摩擦传动，对被联结件没有键槽削弱，也无相对运动，工作中不会产生磨损。

（3）胀套在超载时，将失去联结作用，可以保护设备不受损害。

（4）胀套联结可以承受多重负荷，其结构可以做成多种样式。根据安装负荷大小，还可以多个胀套串联使用。

（5）胀套拆卸方便，且具有良好的互换性。由于胀套能把较大配合间隙的轴毂结合起来，拆卸时将螺栓拧松即可。胀紧时，接触面紧密贴合不易锈蚀，也便于拆开。

2. 胀紧联结套使用须知

使用前，请详细阅读随机技术文件的规定。无规定时，应符合以下要求。

被连接件的尺寸的检验，应符合现行国家标准《光滑极限量规技术条件》GB/T 1957 和《光滑工件尺寸的检验》GB/T 3177 的有关规定。其表面应无污物、锈蚀和损伤。在清洗干净的胀紧联结套表面的被联接件的结合表面上，应均匀涂一层不含二硫化钼等添加剂的薄润滑油。

胀紧联结套应平滑地装入联接孔内，且防止倾斜。胀紧联结套螺钉应用力矩扳手对称、交叉、均匀地拧紧。拧紧时，应先以力矩值的 1/3 拧紧，再以力矩值的 1/2 拧紧，最后以拧紧力矩值拧紧，并以拧紧力矩值检查全部螺钉。拧紧力矩应符合设计的规定。无规定时，可按国家现行标准《胀紧连接套型式与基本尺寸》JB/T 7934—1999 的有关规定执行。

安装的注意事项如下所示。

（1）确认现品是否与配置机械的型号一致。

（2）胀紧连接套的组件部分绝对不能使用含钼或硅的添加剂。

（3）本品指定使用性能等级为 12.9 级螺栓，切勿用其他螺栓代替。

（4）在安装胀紧连接套的过程中，请勿强行敲打。

安装完毕后，应在胀紧联结套外露面及螺钉头部涂上一层防锈油。在腐蚀介质中工作的胀紧联结套，应采用专门的防护装置。

3. 胀紧联结套的安装方法

（1）先将胀紧连接套表面和被连接件的结合面擦拭干净。然后，在上面均匀涂上一层薄润滑油（不应含二硫化钼或硅添加剂）。

（2）把被联接件推移到轴上，并使达到设计规定的位置。将拧松螺栓的胀紧连接套平滑地装入联结孔处，要防止被连接件的倾斜。然后，用手将螺栓全部拧紧。

（3）胀紧连接套螺栓应使用力矩扳手，按对角、交叉、均匀地拧紧螺栓，并按步骤：①以 1/3 Ma 值拧紧。②以 1/2 Ma 值拧紧。③以 Ma 值拧紧。④以 Ma 值检查全部螺栓（螺栓拧紧力矩值为 Ma）。

（二）主轴总成与齿轮箱的装配

（1）清理。清理干净齿轮箱的高速刹车盘、法兰轴套和低速轴内外表面。检验主轴和齿轮箱内外表面，应符合标准《机械设备安装工程施工及验收通用规范》GB 50231 和《风力发电机组装配和安装规范》GB/T 19568 的相关装配技术要求。

（2）安装胀紧联接套。拆卸胀紧联接套上的连接螺栓，螺栓涂固体润滑膏。将胀紧联接套的内圈取出，清理干净后，锁紧盘内、外圈。内圈外在锥面上均匀涂抹一层规定的润滑脂，再将内圈重新装入胀紧联接套外圈，用手旋紧联接螺栓。见图 3-34。

图 3-34　安装胀紧联结套

（3）安装胀紧联接套。用专用吊具将胀紧联接套吊起，安装到齿轮箱的低速端，胀紧联接套后端面紧靠安装止口。

（4）调整主轴水平。为了保证装配安全，应准备好装配主轴和齿轮箱的支架。将齿轮箱固定在专用支架上，安装主轴调整吊具。然后，再将主轴水平放置在工装上。见图 3-35。重新安装吊具，见图 3-36。调整高度，使主轴呈水平状态。用规定的清洗剂将主轴安装面外圆面和齿轮箱主轴安装孔内表面擦洗干净。见图 3-35。

图 3-35 主轴位置调整

图 3-36 吊点捆扎

（5）组对主轴与齿轮箱。测量齿轮箱主轴安装孔的深度，见图 3-37。然后，在主轴相应位置做标记，见图 3-38。调整主轴水平，对正齿轮箱安装孔，将主轴装进齿轮箱安装孔，齿轮箱安装孔的端面与主轴上的标记线重合。拆除吊具。见图 3-39。

图 3-37 测量齿轮箱孔深度

图 3-38 测量主轴的配合长度

图 3-39 组对主轴齿轮箱

（6）检验。检验主轴和齿轮箱的装配尺寸和零部件表面质量，测量叶轮锁定盘外侧到齿轮箱弹性轴安装面的距离为规定值。见图3-40。

图3-40 组对好的主轴齿轮箱

（7）紧固联接螺栓。螺栓力矩值应符合胀紧联结套随机技术文件的规定。组对好的主轴齿轮箱，见图3-41。

图3-41 组对好的主轴齿轮箱

（三）安装主轴及齿轮箱总成

（1）安装吊具。安装专用吊具时，将主轴和齿轮箱总成吊起，调整好位置后放到底座的齿轮箱支撑座上。见图3-42。

图 3-42　安装齿箱及主轴的吊具

（2）固定齿轮箱。在齿轮箱弹性支承轴两端分别垫上齿轮箱支承压板，按照工艺文件的规定，用螺栓将齿轮箱固定在底座上，螺栓涂抹规定的润滑介质。见图 3-43。

图 3-43　齿轮箱的固定

（3）紧固主轴。主轴的轴承座安装孔对正后，用螺栓将主轴固定在底座上。然后，在螺栓的螺纹旋合面和螺栓头部与垫圈接触面涂固体润滑膏。螺栓要涂抹规定的润滑介质，并紧固螺栓。

（4）后处理。齿轮箱和主轴安装完成后，做防腐和防松标记。裸露的零部件金属表面做防腐处理。

第三节　传动链的附件

一、安装低速轴护罩

低速轴护罩即主轴护罩，主要包括上护罩和下护罩。用螺栓和垫圈，将上护罩固定在底座上，螺栓的螺纹旋合面涂螺纹锁固胶。用主轴下护罩安装工装将下护罩与上护罩对正，用螺栓、垫圈和螺母将上、下护罩连接在一起。调整好主轴上下护罩的位置，护罩不得与主轴锁紧螺母及锁紧盘相干涉，将螺栓紧固牢固，见图 3-44 至图 3-46。

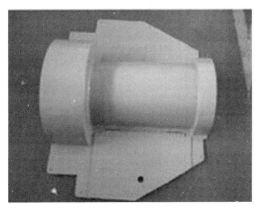

图 3-44　主轴上护罩

图 3-45　主轴下护罩

图 3-46　安装主轴护罩二

二、安装温度传感器 PT100

1. 温度传感器 PT100 的工作原理

当温度传感器 PT100 在 0 ℃且它的阻值为 100 Ω 时，它的阻值会随着温度上升而成近似匀速的增长。但它们之间的关系并不是简单的正比的关系，而更应该趋近于一条抛物线。

2. 温度传感器 PT100 的组成部分

常见的 PT100 感温元件有陶瓷元件、玻璃元件和云母元件，它们是由铂丝分别绕在陶瓷骨架、玻璃骨架和云母骨架上再经过复杂的工艺加工而成。

温度传感器 PT100 系列工业用热电偶（温度传感器）作为温度测量传感器，通常与温度变送器、调节器和显示仪表等配套使用，组成过程控制系统，用以直接测量或控制各种生产过程中流体、蒸汽和气体介质，以及固体表面等温度。

3. 温度传感器 PT100 的来源

温度传感器 PT100 是电阻式温度传感器的一种，电阻式温度传感是一种物质材料做成的电阻，它会随温度的上升而改变电阻值。如果它随温度的上升而电阻值也跟着上升就称为正电阻系数；如果它随温度的上升而电阻值反而下降就称为负电阻系数。大部分电阻式温度传感器是以金属做成的，其中以铂（Pt）做成的电阻式温度检测器最为稳定。它耐酸碱、不会变质、相当线性，因此最受工业界青睐。

PT100 温度传感器是一种以铂（Pt）做成的电阻式温度传感器，属于正电阻系数，其电阻和温度变化的关系式为：$R = Ro\,(1+\alpha T)$。其中，$\alpha = 0.00392$，Ro 为 100 Ω（在 0 ℃的电阻值），T 为摄氏温度，因此铂做成的电阻式温度传感器，又称为 PT100。在标准大气压下，0 ℃时的阻值为 100 Ω，它会随着温度的升高，阻值呈线性增加。

4. PT100 温度传感器的主要技术参数

测量范围−200 ℃～+850 ℃；允许偏差值△℃：A 级±（0.15+0.002｜t｜），B 级±（0.30+0.005｜t｜）；热响应时间＜30 s，最小置入深度：热电阻的最小置入深度≥200 mm；允通电流≤5 mA。铂热电阻的线性较好，在 0 ℃～100 ℃变化时，最大非线性偏差小于 0.5 ℃。

PT100 温度传感器具有抗振动性能好、测温精度高、机械强度高、耐高温、耐压性能好，以及性能可靠稳定等优点。见图 3-47。

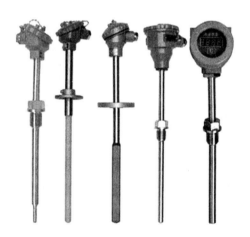

图 3-47　温度传感器 PT100

5. PT100 温度传感器的分类

PT100 温度传感器又叫做铂热电阻。热电阻是中低温区最常用的一种温度检测器。它的主要特点是测量精度高，性能稳定。其中，铂热电阻的测量精确度是最高的，它不仅广泛应用于工业测温，而且被制成标准的基准仪。金属热电阻的感温元件有石英套管十字骨架、麻花骨架结构的杆式结构等。金属热电阻常用的感温材料种类较多，最常用的是铂丝。工业测量用金属热电阻材料除铂丝外，还有铜、镍、铁、铁-镍、钨、银等。薄膜热电阻是利用电子阴极溅射的方法制造，可实现工业化大批量生产。其中，骨架用陶瓷，引线采用铂钯合金。

热电阻的测温原理与热电偶的测温原理不同的是，热电阻是基于电阻的热效应进行温度测量的，即电阻体的阻值随温度的变化而变化。因此，只要测量出感温热电阻的阻值变化，就可以测量出温度。目前，主要有金属热电阻和半导体热敏电阻两类。

目前，应用最广泛的热电阻材料是铂和铜。铂电阻精度高，适用于中性和氧化性介质。它的稳定性好，具有一定的非线性，温度越高电阻变化率越小；铜电阻在测温范围内电阻值和温度呈线性关系，温度线数大，适用于无腐蚀介质，超过 150 ℃ 易被氧化。中国最常用的有 $R0 = 10\ \Omega$、$R0 = 100\ \Omega$ 和 $R0 = 1000\ \Omega$ 三种，它们的分度号分别为 Pt10、Pt100、Pt1000。铜电阻有 $R0 = 50\ \Omega$ 和 $R0 = 100\ \Omega$ 两种，它们的分度号为 Cu50 和 Cu100。其中，Pt100 和 Cu50 的应用最为广泛。

6. PT100 温度传感器的安装要点

PT100 温度传感器在安装的过程中，如果安装不正确是很容易出现故障的，在使用中很容易影响工作。PT100 温度传感器的安装要点如下。

（1）对安放环境的选择，要选择具有代表性的位置，比如温湿度变化比较多的区域。另外，一定要远离磁场、震动比较频繁的地方、温度死角、温度超过 100 ℃ 以上的地方。还有一点要注意，就是尽量不要让温湿度传感器触碰到被测量物体的容器内部，这样会影响测量精准度。

（2）如果是需要插入零部件内的，对于插入深度一定要精确计算。最少插入深度不应少于温度传感器保护套管直径的 8~10 倍。

（3）根据环境选择安放角度。如果在常规情况下，最好选择垂直安放。这样可以有效地防止温湿度传感器在高温下发生变形。如果安放在有水流的地方，则要把传感器倾斜放置，一般维持在 30 ℃ ~ 45 ℃ 为宜。某些特殊环境需要水平安放时，必须要安装支撑架。另外，接线盒出线孔应该向下，以免水汽脏物等落入接线盒中。

风力发电机的齿轮箱上一般安装 3 个 PT100 温度传感器，见图 3-49。监控齿轮箱低速和高速端轴承的温度各安装一个，见图 3-50。一个安装在齿轮箱后部右下方，见图 3-51，监控油温，确保机组的安装运行。用开口扳手将 PT100 温度传感器固定牢固，然后电气接线。

图 3-48　监控油温的 PT100

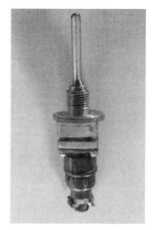

图 3-49　PT100

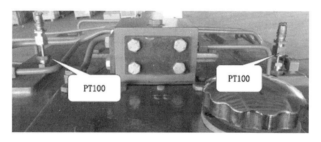

图 3-50　监控轴承温度的 PT100

三、安装空气过滤器

空气过滤器根据其工作原理可以分为：压缩空气过滤器、初效过滤器、中效过滤器、高效过滤器和亚高效等型号。

（一）压缩空气过滤器

压缩空气过滤器采用人性化设计，便于轻松更换滤芯。它采用高品质的过滤材料及技术设计，其滤芯具有超强的疏水透气性能。压缩空气过滤器有优质的铝合金壳体，完全可清除压缩空气中的油、杂质和液态水。该产品对于污染的清除能力更强，压降更小。压缩空气过滤器采用优质铝合金制造和内部和外部喷涂环氧树脂粉末，以提高耐压性和抗腐蚀性；O 型密封防漏圈；肋条型壳体，便于使用弯头扳手；压差表提示更换过滤芯的最佳时间，尽量提高过滤器的投资利用率并减少压降；液位指示器可用于目视监视液位高低，随时注意维护；工作压力为0.2~1.3 MPA，工作温度<66 ℃。见图3-51。

压缩空气过滤器有如下的特点。

（1）壳体采用密封装置。

（2）滤芯具有高效的防腐蚀性能。

（3）设备的气流阻力低。

（4）有效过滤面积大，确保高效率。

（5）不含硅树脂。

（6）可承受66 ℃的高温。

图3-51 空气过滤器

风力发电机组的齿轮箱多采用压缩空气过滤器，安装齿轮箱上部，保证齿轮箱内部压力稳定，防止外部杂质进入齿轮箱内部。应按照供应商的安装技术资料进行安装和维护。见图3-52。

图 3-52 安装空气过滤器

（二）初效空气过滤器

初效空气过滤器常由人造纤维滤材制成，外框是由坚固、防潮的硬纸框制成。在正常的操作环境下，不会发生变形、破裂和扭曲的情况。此外，框前后以对角线固定滤材。滤材与外框紧密地粘合外框防止气漏产生。

初效空气过滤器主要适用于空调与通风系统初级过滤、洁净室回风过滤、局部高效过滤装置的预过滤。它主要用于过滤 5 μm 及以上粒径的尘埃粒子，使用计重法测试，同时也用于多级过滤系统的初级保护。过滤材料有无纺布、尼龙网、铝波网、不锈钢网等。无纺布滤料出风面经过光整处理，防止无纺纤维断裂飞散造成二次污染。

初效过滤器产品主要包括：板式过滤器、不织布滤料全金属过滤器、可洗式过滤器、密褶式过滤器等。

（三）中效空气过滤器

中效空气过滤器由人造纤维和镀锌铁组合而成。法兰由镀锌铁组成。此系列产品可应用于工业、商业、医院、学校和其他各种工厂空调设备（系空调系统的初级过滤，以保护系统中下一级过滤器和系统本身。在对空气净化洁净度要求不严格的场所，经中效过滤器处理后的空气可直接送至用户），也可以安装于燃气轮机入风口设备或电脑室,以延长设备使用寿命。

(四) 高效空气过滤器

高效空气过滤器适用于常温和常湿的环境,允许含有微量酸碱有机溶剂的空气过滤。该产品效率高,但是阻力大,容尘量小,广泛应用于航天、航空、电子、制药、生物工程等精密领域。

高效空气过滤器用于滤除空压机吸入空气中的粉尘杂质。吸入的空气越洁净则油滤芯、油气分离芯和油的使用寿命就越有保障。要防止其他异物进入主机,对主机造成损伤,导致主机"抱死"甚至报废。其寿命通常为 2000 小时左右。高效空气过滤器产品的分类:有隔板高效过滤器、无隔板高效过滤器、V-BED高效滤网和耐高温高效过滤器。

(五) 超期使用空气过滤器的危害

(1) 机组排气量不足,影响生产。

(2) 滤芯阻力过大,机组能量增加。

(3) 机组实际压缩比增大,主机负荷增大,寿命缩短。

(4) 滤芯破损导致异物进入主机,发生主机"抱死"甚至报废的情况。

(六) 空气过滤器的清洗方法

(1) 清洁部位

清洁部位是空气过滤器机组的表面和内部。

(2) 清洁用具

抹布、槽子、洗洁精、不锈钢架。

(3) 清洁条件

初、中效过滤器终阻力大于初阻力 2 倍。

(4) 清洁内容

①初、中效过滤器清洗方法

对于过滤器表面不是很脏时,将过滤器拿到室外用洁净压缩空气双面吹洗,吹洗至用眼看在光线下不见尘粒为止。

对于过滤器表面很脏时，需要进行水洗。在一般区的制水室（空调间）内用槽子放入约100斤的引用水，将1斤瓶装的洗洁精稀释后，将过滤器放入槽内要全部淹没在水里。进行漂洗若干次，至无污，最后用清水冲洗直至水清为止。再取出放在不锈钢隔栅地拖上空干水，然后平铺在架子上阴干。晾晒时，要双面勤翻以便加快干燥速度。

②机组的表面清洁

每天用抹布对空调箱体外表面和附属管线、仪表进行全面的清洁，使设备清洁明亮。

对设备上的油污、胶类要用抹布醮洗洁精擦去后，再用饮用水擦拭干净，不留痕迹。

③空调系统内部清洁

每次更换初效、中效过滤器后，应把空调机组内部壁板、风机、加热器、冷却器、散流板进行彻底的清洁。擦净灰尘、污垢、油渍，不得留有死角。然后，再安装初效和中效过滤器。

每半个月应对系统内部清洁一次。先用湿抹布对内部进行擦拭，再用干抹布进行全面的清洁。

（5）清洗的注意事项

①滤布清洁后，如果滤器的初阻力值低于本滤器第一次安装使用时初阻力值，不得使用，应及时更换。过滤器经2次清洗后，即使压差值大于初始值，也要进行更换。

②取高效过滤器时，应倒着提箱，使高效过滤器平稳落地。

③过滤器清洗后应检查有无破损，如有破损应及时更换。清洗时不可揉搓，也不可机洗或甩干。

④在清洗过程中，禁止将初中效过滤器混淆，应用编号将其区分开来。

⑤每个空气净化系统应有一套备用过滤器，以便清洗时及时更换。

四、安装雷电防护装置

风能是当前技术最成熟、最具备规模开发条件的可再生能源，风力发电已成为新能源产业中最重要的组成部分。

近年来，风电机组的单机容量越来越大。为了吸收更多能量，轮毂高度和叶轮直径不断增加。同时，伴随着高原、沿海、海上等新型风电机组的开发，风电机组开始大量应用于高原、沿海、海上等地形更为复杂、环境条件更为恶劣的地区，从而也加大了风电机组遭受雷击的风险。据统计，在风电机组故障中，由遭遇雷击导致的故障占4%。雷电释放的巨大能量会造成风电机组叶片损坏、发电机绝缘被击穿、控制元器件烧毁等。风电机组的防雷是一个综合性的防雷工程，防雷设计到位与否，直接关系到机组在雷雨天气时能否正常工作，以及机组内的各种设备是否受到损坏。

（一）雷电的破坏机理与形式

雷电现象是带异性电荷的雷云间或带电荷雷云与大地间的放电现象。风电机组遭受雷击的过程，实际上就是带电雷云与风电机组间的放电。在所有雷击放电形式中，云对大地的正极性放电或大地对雷云的负极性放电具有较大的电流和较高的能量。雷击保护最关注的是每一次雷击放电的电流波形和雷电参数。雷电参数包括峰值电流、转移电荷和电流陡度等。风电机组遭受雷击损坏的机理与这些参数密切相关。

1. 峰值电流

当雷电流流过被击物时，会导致被击物的温度升高，风电机组叶片的损坏在很多情况下与此热效应有关。热效应从根本上来说与雷击放电所包含的能量有关，其中峰值电流起到很大的作用。当雷电流流过被击物时（如叶片中的导体）还可能产生很大的电磁力，电磁力的作用也有可能使其弯曲甚至断裂。另外，雷电流通道中可能出现电弧。电弧产生的膨胀过压与雷电流波形的积分有关，其燃弧过程中骤增的高温会对被击物造成极大的破坏。这也是导致许多风电叶片损坏的主要原因。

2. 转移电荷

当物体遭受雷击时，大多数的电荷转移都发生在持续时间较长而幅值相对较低的雷电流过程中。这些持续时间较长的电流将在被击物表面产生局部金属熔化和灼蚀斑点。在雷电流路径上，一旦形成电弧就会在发生电弧的地方出现灼蚀斑点。如果雷电流足够大还可能导致金属熔化。这是威胁风电机组轴承安全的一个潜在因素。因为在轴承的接触面上非常容易产生电弧，它有可能将轴承熔焊在一起。即使不出现轴承熔焊现象，轴承中的灼蚀斑点也会加速其磨损，缩短其使用寿命。

3. 电流陡度

风电机组在遭受雷击的过程中经常会造成控制系统或电子器件损坏，其主要原因是存在感应过电压。感应过电压与雷电流的陡度密切相关，雷电流陡度越大，感应电压就越高。

4. 雷电的破坏形式

设备遭雷击受损通常有四种情况：（1）设备直接遭受雷击而损坏；（2）雷电脉冲沿着与设备相连的信号线、电源线或其他金属管线侵入设备使其受损；（3）设备接地体在雷击时，产生瞬间高电位形成地电位"反击"而损坏；（4）设备因安装的方法或安装位置不当，受雷电在空间分布的电场、磁场影响而损坏。

（二）雷电防护区域的划分

雷电防护区域的提出是为了更好地保护风电机组系统里的元件。机组系统利用半径 30 m 的滚球法可以分为几个不同的区域。雷电防护系统依据标准制定划分区域，目的是为了减少电磁干扰与可预见的耦合干扰。国际电工委员会（IEC）对防雷过电压保护的防护区域划分为：LPZ0 区（LPZ0A、LPZ0B）、LPZ1 区、LPZ2 区。

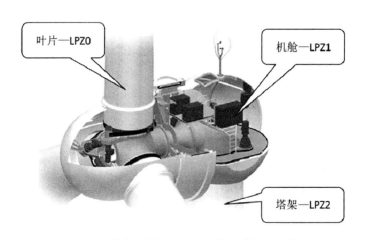

图 3-53　具有防雷区（LPZ）的风电机组示意图

叶片-LPZ0A 区有直击雷（绕雷）侵袭的危险，完全处在电磁场环境中，具有被雷击电涌破坏的可能。这个区域包括：叶片、机舱罩避雷针系统、塔架、架空电力线、风电场通信电缆。

叶片-LPZ0B 区没有被直击的危险，但电磁场环境与雷电电涌没有任何减低。这类区域包括：叶片加热部分、环境测量传感器、航标灯未屏蔽的机舱内部、发电机、齿轮箱、冷却系统、传动系统、电气控制柜、传感器和电缆。无论以上部位是否遭受直击雷（绕雷），电磁场都没有衰减的部位。

机舱-LPZ1 区可选择 SPD 保护设备，存在电涌破坏的危险，电磁场由于屏蔽作用已经减弱。这类区域包括机舱内、塔架内的设备，如电缆、发电机、齿轮箱等。

塔架-LPZ2 区电涌破坏进一步减弱，电磁破坏影响更小。这类区域包括塔架内电气柜中的设备，特别是屏蔽较好的弱电部分。

（三）防雷保护的设计原则

在进行防雷设计时，可遵循如下设计原则。

（1）用有效的方法及当今主流的技术和设备，保证系统的正常工作。

（2）防雷设计应考虑投资合理性，突出重点并能兼顾全面。

（3）防雷系统应具有合理的使用寿命。

（4）为便于系统的维护，防雷设计必须遵守国际标准和规范。

在没有技术突破的前提下，直击雷的防护设计可沿用传统的富兰克林避雷方法：利用自身的高度使雷云下的电雷场发生畸变，从而将雷电吸引，以自身代替被保护物受雷击，以达到保护避雷的目的。对于直接雷击通过在叶片内部和机舱顶部安装接受体和导体装置，通过叶片、主轴、齿轮箱和偏航轴承的放电装置和机架、塔筒将雷电流传导到大地，达到释放电流的目的。在不同的防雷保护区域之间进行电气连接过渡，必须安装 SPD 保护设备。为减少电磁干扰的感应效应，在需要保护的空间内增加屏蔽措施。为了改进电磁环境，所有大尺寸金属件和电缆屏蔽层在防雷交界处做等电位连接。

整个防雷保护方案应根据风力发电机安装的地理环境及其自身的电气、结构特点而制定，目的是为了减少雷击风机所发生的人身伤亡和财产损失，做到安全可靠、技术先进、经济合理。

（四）风电机组的防雷保护

1. 叶片的防雷保护

风电机组中最高部分就是叶片的最高高度。当叶片运行到最高高度时，即可视为避雷针行程引雷通道，这是目前全球范围风电机组遭雷击破坏影响最大的一种情况。研究表明：①不管叶片是用木头或玻璃纤维制成或是叶片包括电体，雷电导致损害的范围取决于叶片的形式；②多数情况下被雷击的区域在叶尖背面。在研究的基础上，LM叶片防雷性能得到了发展，在叶片上装有接闪器捕捉雷电，再通过叶片内腔导引线使雷电导入大地，约束雷电，保护叶片。其设计简单而耐用。

（1）叶片被雷击的损坏机制

叶片被雷击的典型后果是叶片开裂、复合材料表面的烧灼损坏或者有金属部件的烧毁及熔化。而当雷电在叶片内部形成电弧时，对叶片的损坏最为严重。当雷电击中叶片后，叶片内部中的空气会迅速膨胀。这种膨胀可能是由于叶片内部的残留潮湿空气或者瞬间高温产生的空气会迅速膨胀，瞬间的压力冲击会使整个叶片爆裂，严重时压力波会通过轮毂传导到没有遭雷击的叶片上，而引起连锁的损坏。

避免雷电击中叶片后形成的内部压力的最好办法是，将雷点通道屏蔽在叶片的外部，或者减少雷电对叶片的冲击压力。当叶片外部的雷电散流面积足够大时，对叶片的损坏相对会减少很多。

（2）各种叶片防雷方法

目前，叶片防雷的主要做法是将叶片上的雷电流引至轮毂，通过轮毂与塔筒的等电位连接系统将雷电流泄放，避免叶片的损坏。主流的方法有两种，一种是在叶片的表面或内部安装金属材料将电流从叶尖引至叶根，通过叶片轮毂的连接排泄；另一种是在叶片表面添加导电材料，使雷电流在叶片表面传导，避免叶片的损坏。

①无叶尖阻尼器的叶片防雷结构，一般是在叶尖部分的玻璃纤维外表面预置金属化物作为接闪器，并与埋置于叶片内的铜导体相连（铜导体与叶根处的金属法兰连接）。外表面金属化物可以采用网状或箔状结构。雷击可能会对这样的表

面造成局部熔化或灼伤，但不会影响叶片的强度或结构。

②有叶尖阻尼器的叶片防雷结构。对于有叶尖阻尼器的叶片，通常是在叶尖部分的玻璃纤维中预置金属导体作为接闪器，通过由碳纤维材料制成的阻尼器轴与用于启动叶尖阻尼器的钢丝（启动钢丝与轮毂共地）相连接。这就要求导电构件需要有足够大的强度和横截面积。

2. 机舱的防雷保护

如果叶片采取了防雷保护措施，也就相当于对机舱实现了直击雷保护。即使如此，也需要考虑在机舱首尾端加装避雷针保护，防止雷电发生绕击和侧击时，穿透机舱。

机舱内部全部采用等电位连接，以保护人身不会受到接触电压的危害。风电机组的机舱罩一般采用非导电材料制成，应考虑在机舱表面内布置金属带或者金属网。由金属带或金属网构成一个法拉第笼，兼作屏蔽和接闪器之用，起到防雷保护作用。网孔宜为 30 cm×30 cm，钢丝直径不宜小于 2.5 mm。

如果机舱外壳用钢板制成，作为承受直击雷的载体，按照《建筑物防雷设计规范》GB50057—94 的要求，钢板厚度必须大于 4 mm。同时，将机舱与低速轴承和发电机机座相连接，就可以实现安全保护和电屏蔽。提供电气连接的导体应尽量短。

3. 风向仪传感器的防雷保护

风向仪传感器暴露在机舱外面，工作环境恶劣。它高于机舱主体，因此直接受雷击的可能性较大，要重点做好防雷设计。可专设一避雷针，其高度随风向仪传感器的高度不同而定，具体参考防雷设计规范《建筑物防雷设计规范》GB50057—94。风向仪传感器的防雷装置分别用不小于 16 mm^2 的铜芯电缆连接到机舱内等电位母线上。

4. 轴承的防雷保护

一般情况下，雷击叶片时产生的大部分雷电流都将通过低速主轴承导入塔筒。这比雷电流沿着主轴流向风电机组的发电机要好得多。通过轴承传导的强大雷电流通常会在轴承接触面上造成灼蚀斑点，但由于轴承的尺寸较大使得雷电流密度较小，因此雷击损伤还不至于立刻对风电机组运行造成影响，但能够引起噪声、振动和增大机械摩擦等，从而导致缩短轴承的使用寿命。

5. 机舱内各部件的防雷保护

钢架机舱底盘为机舱内的各部件提供了基本保护，机舱内的各部件通过连接螺栓到机舱底座的金属支撑架上。任何铰链连接应采用尽可能宽的柔性铜带跨接。在机舱内，不与底盘连接的所有部件都与接地电缆相连。

齿轮箱和发电机间的连接采用柔性绝缘连结，接地导线连接到机舱底盘的等电位体上，防止雷电流通过齿轮箱流经发电机和发电机轴承。

机舱底盘通过偏航环的螺栓可靠地接到塔筒壁上。如果采用柔性阻尼元件，则要用扁铜带跨接。

6. 电气控制系统的防雷保护

风电机组电控系统的控制元件分别在机舱电气柜和塔底电控柜中。由于电控系统易受到雷电感应过电压的损害，因此电控系统的防雷击保护一般采取如下措施。

（1）电气柜的屏蔽

电气柜用薄钢板制作，可以有效地防止电磁脉冲干扰。在控制系统的电源输入端，出于暂态过电压防护的目的，采用压敏电阻或暂态抑制二极管等保护元件与系统的屏蔽体系相连接。这样可以把从电源或信号线侵入的暂态过电压波堵住，不让它进入电控系统。对于其他外露的部件，也尽量用金属封装或包裹。每一个电控柜用 2 条 16 mm² 铜芯电缆把电气柜外壳连接到等电位连接母线上。

（2）供电电源系统的防雷保护

对于 690 V/380 V 的风力发电机供电线路，为防止沿低压电源侵入的浪涌过电压损坏用电设备，供电回路应采用 TN-S 供电方式，保护线 PE 与电源中性线 N 分离。整个供电系统可采用 3 级保护原理：第 1 级使用雷击电涌保护器，第 2 级使用电涌保护器，第 3 级使用终端设备保护器。由于各级防雷击电涌保护器的响应时间和放电能力不同，各级保护器之间需相互配合使用。

第 1 级与第 2 级雷击电涌保护器之间需要约 10 m 长导线，电涌保护器与终端设备保护器之间需要约 5 m 长导线进行退耦。

（3）传感器采样信号的防雷保护

对暴露在雷区的传感器采样信号，采用防雷隔离保护线圈保护。通过 RS232、RS422、RS485 远程通信到风电机组接地系统场监控室的数据传输线进行数据隔离后传输。

7. 塔架及引下线

专门敷设引下线连接机舱和塔架，引下线跨越偏航齿圈。通过引下线将雷电顺利地引入大地，因此雷击时将不受到伤害。而对于钢塔架，雷电流则可通过自身传导至接地系统。

8. 接地系统

风电机组的接地系统是整个防雷保护系统的关键设置，为机组遭受雷击时的雷电流提供泄流通道。为保证在土壤中电阻率差异较大的不同地区，风电机组接地系统都能满足 IEC 规范的相关规定。整个接地系统应按以下方式设置：整个接地电阻应小于 2 Ω，接地布置采用基础接地体和环形接地体。用截面积 ϕ50 mm^2 的实心铜环导体，在基础外 1 m 处，外深 1 m 处，围成半径不小于 6 m 的环形接地体，再用两个竖直的截面积 ϕ50 mm^2 的实心铜导体与环形接地体的对角位置相连。

（五）安装雷电保护装置

以双馈风力发电机组机舱的雷电防护装置为例。机舱的雷电保护装置安装在底座前端，主要作用是将叶轮上的电流传导到底座机体上，再通过接地线将电流导入大地，保护机组。雷电防护装置图，见图 3-54。

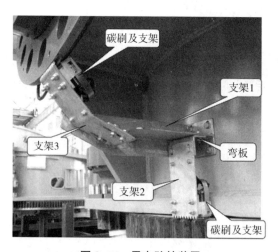

图 3-54 雷电防护装置

（1）安装碳刷固定支架 1 和弯板。用螺栓和垫圈将碳刷固定支架 1 固定在底座上。用螺栓、垫圈和螺母将弯板的长边固定在碳刷固定支架 1 上，螺栓的螺纹端向下。

（2）安装碳刷和支架。用螺栓、垫圈和螺母将 4 个碳刷支架固定在碳刷固定支架 2 和碳刷固定支架 3 上。用螺栓、垫圈和螺母将 4 个碳刷的铜辫子固定在碳刷固定支架 2 和 3 上，螺栓的螺纹端向外。用 4 个横压弹簧将 4 个碳刷固定在碳刷支架内。

（3）安装碳刷固定支架 2。用螺栓、垫圈和螺母将碳刷固定支架 2 固定在弯板的短边上，螺栓的螺纹端向外。

（4）安装碳刷固定支架 3。用螺栓、垫圈和螺母将碳刷固定支架 3 固定在碳刷固定支架 1 的连接板上，螺栓的螺纹端向下。

（5）调整碳刷的放电间隙。防雷碳刷距偏航轴承放电间隙≤1 mm。防雷碳刷距叶轮锁定盘放电间隙≤1 mm。将螺栓逐个拆下，在螺栓的螺纹旋合面涂螺纹锁固胶。保证碳刷固定支架 2 的位置不发生变动，使其上的碳刷端面距离偏航轴承表面为 L=2~3 mm。

五、安装液位传感

1. 液位传感器的构成

液位传感器是一种测量液位的压力传感器。静压投入式液位变送器（液位计）是基于所测液体静压与该液体的高度成比例的原理，采用国外先进的隔离型扩散硅敏感元件或陶瓷电容压力敏感传感器，将静压转换为电信号，再经过温度补偿和线性修正，将其转化成标准电信号（一般为 4~20 mA/1~5 VDC）。

2. 液位传感器的工作原理

用静压测量原理：当液位变送器投入被测液体中某一深度时，传感器迎液面受到的压力公式为：$P = \rho \cdot g \cdot H + Po$

式中：P 为变送器迎液面所受压力；ρ 为被测液体密度；g 为当地重力加速度；Po 为液面上大气压；H 为变送器投入液体的深度。

同时，通过导气不锈钢将液体的压力引入到传感器的正压腔，再将液面上的

大气压 Po 与传感器的负压腔相连，以抵消传感器背面的 Po，使传感器测得压力为 $\rho.g.H$。显然，通过测取压力 P，可以得到液位深度。

3. 液位传感器的分类

（1）一类为接触式，包括单法兰静压/双法兰差压液位变送器、浮球式液位变送器、磁性液位变送器、投入式液位变送器、电动内浮球液位变送器、电动浮筒液位变送器、电容式液位变送器、磁致伸缩液位变送器和侍服液位变送器等。

（2）第二类为非接触式，分为超声波液位变送器和雷达液位变送器等。

4. 常用的液位传感器和选型要点

液位传感器是给水工程中最常用的一种传感器，在安装条件和测量方面十分方便。它具有安全、防腐和可靠等优点。

（1）浮球式液位传感器

浮球液位变送器由液位传感器和电流转换器两部分组成。浮球与液位同步变化，控制干簧管吸合断开，从而使传感器内电阻成线性变化，再由转换器将电阻的变化转换成 4~20 mA 标准电流信号并叠加数字信号输出。浮球液位变送器能对开口、密闭容器或地下池槽里的介质液位在仪表控制室内进行显示、报警和控制。被检测的介质可为水、油、酸、碱、工业污水等导电及非导电液体，它还能克服液体的泡沫所造成的假液位的影响。浮球式液位传感器被广泛应用于炼油、化工、造纸、食品和污水处理等行业。

浮球式液位传感器是在待测液体中放入一个空心的浮球，当液体的液位变化时，浮球将产生与液位变化相同的位移。这种传感器的精确度为 ±（1~2）%。它不适用于高粘度的液体，其优点在于价格便宜。

（2）静压（或差压）式液位传感器

静压式液位传感器根据液柱的静压与液位成正比的原理，在测量过程中只要用压力表测量基准面上液柱的静压就能够测得液位。首先，了解被测介质的密度和液体测量范围而判断出压力或压差范围，然后选用量程、精确度等性能合适的压力表或差压表进行测量。测量误差大多在 ±（0.5~2）%。

（3）电容式液位传感器

电容式液位传感器在容器内插入电极，当液位变化时，电极内部介质改变，接着电极间的电容就会发生变化，然后将其转化为标准化的直流电信号输出。由于这种液位传感器没有机械传动部分，所以它具有使用寿命长、性能稳定可靠、维护方便等优点。其精确度大约在±（0.5~1.5)％。其缺点在于，如果被测液体的介电常数不稳定就会引起测量误差。它一般用于调节池、清水池等的液位测量。

（4）超声液位传感器

超声传感器由一对发射、接收换能器组成。发射换能器面对液面发射超声波脉冲，超声波脉冲到达液面以后被反射回来，接收换能器接收反射回来的信号。只需计算超声波脉冲从发射到接收之间的时间差，就能够计算出液位的数值。这种传感器安装方便、不受液体性质的影响。它的精度高、应用范围广，只是价格比较昂贵，多用于药池、药罐、排泥水池等场所的液位测量。

5. 液位传感器的作用

在风力发电行业，液位传感器的主要作用是监控对齿轮箱内部润滑油的油位。当油位低于系统设定值时，系统会自动发出报警。通过观油窗，可以观察润滑油的状态（如颜色、油位高度、油质等情况）。见图 3-55 至图3-58。

图 3-55　齿轮箱的液位传感器一

图 3-56　齿轮箱的液位传感器二

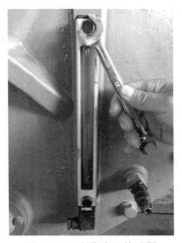 

图 3-57　安装液位传感器　　　图 3-58　工作状态的液位传感器

复习思考题

1. 主轴与齿轮箱需用什么零部件连接？其优缺点各是什么？

2. 游标卡尺和外径千分尺的使用方法是什么？

3. 传动链主要由哪些零部件组成？

4. 传动链有几种布置形式？

5. 液位传感器是如何分类的？

第四章　联轴器、制动器、液压站的安装和调整

学习目的：

1. 了解联轴器、制动器和液压站的安装方法。

2. 了解制动器的调整方法。

3. 了解液压站的结构。

第一节　联轴器的安装和调整

联轴器所联接的两轴，由于制造和安装误差，承载后的变形以及温度变化的影响等，往往不能保证严格的对中，常常存在某种程度的相对位移联轴器所联两轴的相对位移，见图4-1。这就要求设计联轴器时，要从结构上采取各种不同的措施，使之具有适应一定范围的相对位移的性能。

根据对各种相对位移有无补偿能力（即能否在发生相对位移条件下保持联接的功能），联轴器可分为刚性联轴器（无补偿能力）和挠性联轴器（有补偿能力）两大类。挠性联轴器又可按是否具有弹性元件分为，无弹性元件的挠性联轴器和有弹性元件的挠性联轴器两个类别。挠性联轴器因具有挠性，故可在不同程度上补偿两轴间的某种相对位移。

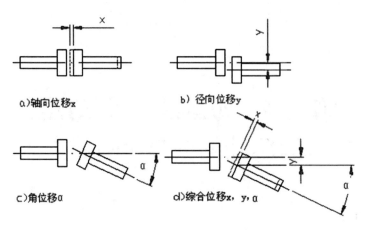

a)轴向位移x   b)径向位移y   c)角位移α   d)综合位移x，y，α

图4-1　联轴器所联两轴的相对位移

一、刚性联轴器

这类联轴器有套筒式、夹壳式和凸缘式等。这里只介绍较为常用的凸缘联轴器。

凸缘联轴器是把两个带有凸缘的半联轴器用键分别与两轴联接，然后用螺栓把两个半联轴器联成一体，以传递运动和转矩。见图4-2。这种联轴器有两种主要的结构型式：（1）凸缘联轴器，是普通的凸缘联轴器，通常是靠铰制孔用螺栓来实现两轴对中；（2）凸缘联轴器，是有对中榫的凸缘联轴器，靠一个半联轴器上的凸肩与另一个半联轴器上的凹槽相配合而对中。联接两个半联轴器的螺栓可以采用 A 级或 B 级的普通螺栓。此时，螺栓杆与钉孔壁间存在间隙，转矩靠半联轴器接合面的摩擦力矩来传递（凸缘联轴器 b）。也可采用铰制孔用螺栓，此时螺栓杆与钉孔为过渡配合，靠螺栓杆承受挤压与剪切来传递转矩（凸缘联轴器 a）。为了运行安全，凸缘联轴器可作成带防护边的（凸缘联轴器 c）。

凸缘联轴器的材料可用灰铸铁或碳钢。重载时或圆周速度大于 30 m/s 时，应用铸钢或锻钢。

由于凸缘联轴器属于刚性联轴器，对所联两轴间的相对位移缺乏补偿能力，故对两轴对中性的要求很高。当两轴有相对位移存在时，就会在机件内引起附加载荷，使工作情况恶化，这是它的主要缺点。但由于构造简单、成本低、可传递较大转矩,故当转速低、无冲击、轴的刚性大、对中性较好时,常采用凸缘联轴器。

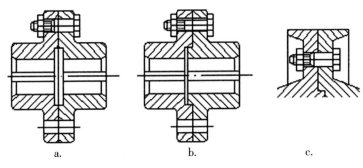

a.   b.   c.

图 4-2 凸缘联轴器

二、挠性联轴器

1. 无弹性元件的挠性联轴器

这类联轴器因具有挠性,故可补偿两轴的相对位移。但因无弹性元件,故不能缓冲减振。常用的有以下三种。

(1) 十字滑块联轴器

十字滑块联轴器由两个在端面上开有凹槽的半联轴器 1、3 和一个两面带有凸牙的中间盘 2 所组成。凹凸牙可在凹槽中滑动,故可补偿安装和运转时两轴间的相对位移。见图 4-3 和图 4-4。

这种联轴器零件的材料可用 45 号钢,须对工作表面进行热处理,以提高其硬度;要求较低时也可用 Q275 钢,不进行热处理。为了减少摩擦和磨损,使用时应从中间盘的油孔中注油进行润滑。因为半联轴器与中间盘组成移动副,不能发生相对转动,所以主动轴与从动轴的角速度应相等。在两轴间有相对位移的情况下工作时,中间盘会产生很大的离心力,从而增大动载荷及磨损。因此,在选用联轴器时应注意其工作转速不得大于规定值。

这种联轴器一般用于转速 $n < 250$ r/min,轴的刚度较大且无剧烈冲击的条件下。效率 $\eta = 1 - (3 \sim 5)$ fy/d,这里 f 为摩擦系数,一般取为 $0.12 \sim 0.25$;y 为两轴间径向位移量,mm;d 为轴径,mm。

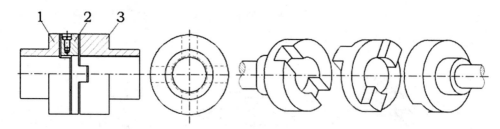

图 4-3　十字滑块联轴器

1、3- 半联轴器；2- 中间盘

图 4-4　十字滑块联轴器

（2）滑块联轴器

滑块联轴器与十字滑块联轴器相似，只是两半联轴器上的沟槽很宽，并把原来的中间盘改为两面不带凸牙的方形滑块，且通常用夹布胶木制成。由于中间滑块的质量减小，又具有弹性，故允许较高的极限转速。中间滑块也可用尼龙制成，并在配制时加入少量的石墨或二硫化钼，以便在使用时可以自行润滑。见图 4-5 和图 4-6。

这种联轴器结构简单、尺寸紧凑，适用于小功率、高转速而无剧烈冲击的条件下。

图 4-5　滑块联轴器 1

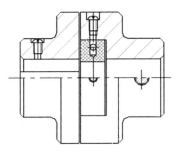

图4-6 滑块联轴器2

（3）十字轴式万向联轴器

十字轴式万向联轴器，它由两个叉形接头 1、3，一个中间联接件 2 和轴销 4（包括销套及铆钉）、5 所组成。轴销 4 与 5 互相垂直配置并分别把两个叉形接头与中间件 2 联接起来。这样，就构成了一个可动的联接。这种联轴器可以允许两轴间有较大的夹角（夹角 α 最大可达 35°~45°），而且在机器运转时，夹角发生改变仍可正常传动；但当夹角过大时，传动效率会显著降低。

这种联轴器的缺点是：当主动轴角速度 ω_1 为常数时，从动轴的角速度并不是常数，而是在一定范围内（$\omega_1 \cos\alpha \leqslant \omega_3 \leqslant \omega_1 / \cos\alpha$）变化，因而在传动中将产生附加动载荷。为了改善这种情况，常将十字轴式万向联轴器成对使用，见图4-7。

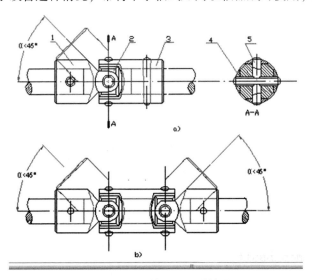

图4-7 十字轴式万向联轴器

1、3- 叉形接头；2- 中间联接件；4、5- 轴销

2. 有弹性元件的挠性联轴器

这类联轴器因装有弹性元件，不仅可以补偿两轴间的相对位移，而且具有缓冲减振的能力。弹性元件所能储蓄的能量越多，联轴器的缓冲能力则越强；弹性元件的弹性滞后性能与弹性变形时零件间的摩擦功越大，联轴器的减振能力则越好。这类联轴器目前应用很广，品种亦越来越多。

制造弹性元件的材料有非金属和金属两种。非金属有橡胶、塑料等，其特点是质量小、价格便宜，有良好的弹性滞后性能，因而减振能力强。金属材料制成的弹性元件（主要为各种弹簧）则强度高、尺寸小且寿命较长。

联轴器在受到工作转矩 T 以后，被联接两轴将因弹性元件的变形而产生相应的扭转角 ϕ。ϕ 与 T 成正比关系的弹性元件为定刚度，不成正比的为变刚度。非金属材料的弹性元件都是变刚度的，金属材料的则因其结构不同可分为变刚度与定刚度的两种。常用非金属材料的刚度多随载荷的增大而增大，其缓冲性好，特别适用于工作载荷有较大变化的机器。

①膜片联轴器

膜片联轴器的典型结构，见图4-8。其弹性元件为一定数量的很薄的多边环形（或圆环形）金属膜片叠合而成的膜片组。在膜片的圆周上，有若干个螺栓孔，用铰制孔用螺栓交错间隔与半联轴器相联接。这样，将弹性元件上的弧段分为交错受压缩和受拉伸的两部分：拉伸部分传递转矩，压缩部分趋向皱折。当机组存在轴向、径向和角位移时，金属膜片便产生波状变形。

图4-8　膜片联轴器

这种联轴器的结构比较简单，弹性元件的联接没有间隙，不需要润滑，维护方便。它还具有容易平衡、质量小、对环境适应性强的特点，但扭转弹性较低，缓冲减振性能差。这种联轴器主要用于载荷比较平稳的高速传动。

膜片联轴器采用一种厚度很小的弹簧钢片制成各种形状，用螺栓分别与主、从动轴上的两个半联轴器联接。其弹性元件为若干多边形的膜片，在膜片的圆周上有若干个螺纹孔。为了获得相对位移，常采用中间为轴。其两端各一组膜片组成两个膜片联轴器，分别与主、从动轴联接。

膜片联轴器通过膜片的挠性吸收轴线间的三向偏移，改善工作条件。膜片联轴器低速大转矩，并且具有结构简单、加工方便、无须润滑等优点。

膜片联轴器装配时，膜片表面应光滑、平整且无裂纹等缺陷；半联轴器及中间轴应无裂纹、缩孔、气泡、夹渣等缺陷；膜片联轴器的允许偏差应符合随机文件的规定。

②轮胎式联轴器

轮胎式联轴器见图4-9。用橡胶或橡胶织物制成轮胎状的弹性元件1，两端用压板2及螺钉3分别压在两个半联轴器4上。这种联轴器富有弹性，具有良好的消振能力，能有效地降低动载荷和补偿较大的轴向位移。此外，它的绝缘性能好，运转时无噪声。其缺点是径向尺寸较大，当转矩较大时，会因过大扭转变形而产生附加轴向载荷。为了便于装配，有时将轮胎开出径向切口5，但这时承载能力要显著降低。

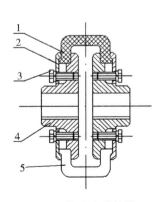

图4-9 轮胎式联轴器

1- 弹性元件；2- 压板；3- 螺钉；4- 半联轴器；5- 径向切口

③弹性套柱销联轴器

这种联轴器的构造与凸缘联轴器相似，只是用套有弹性套的柱销代替了联接螺栓。因为通过蛹状的弹性套传递转矩，故可缓冲减振。弹性套的材料常用耐油橡胶，并做成截面形状如图 4-10 中所示，以提高其弹性。半联轴器与轴的配合孔可做成圆柱形或圆锥形。

半联轴器的材料常用 HT200，有时也采用 35 号钢或 ZG270—500。柱销材料多用 35 号钢。这种联轴器可按《弹性套柱销联轴器》GB/T 4323 选用。

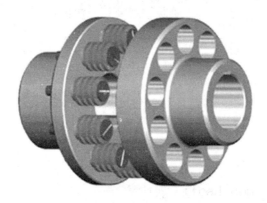

图 4-10 弹性套柱销联轴器

④连杆联轴器

连杆联轴器是一种柔性联轴器，每个连杆面由多个连杆组成。连杆两端分别连接被连接轴和中间体，可以补偿被连接轴的轴径向和交向误差。连杆联轴器有滑动保护套，滑动保护套通过过载时发生打滑起到保护发电机的作用，它由特殊的合金材料制成。滑动保护套的表面涂有不同涂层，使保护套与轴之间的摩擦力始终是保护套和轴套之间摩擦力的 2 倍。当过载时，这些涂层可以保证滑动只会发生在保护套和轴套之间。当转矩回到额定值及以下时，保护套与轴套之间继续传递扭矩。见图 4-11 和 4-12。

图 4-11　连杆联轴器

图 4-12　安装连杆联轴器

三、安装联轴器总成

1. 联轴器的安装方法

①联轴器的热装配。联轴节的热装配工作常用于大型电机、压缩机和轧钢机等重型设备的安装中，因为这类设备中的联轴节与轴通常是采用过盈配合联接在一起的。过盈联接件的装配方法有：压入装配、低温冷装配和热套装配等数种。在安装现场，主要采用热套装配法。因为这种装配方法比较简单，能用于大直径（ $D > 1000$ mm）和过盈量较大的机件。压入装配法多用于轻型和中型静配合，而且需要压力机等机械设备，故一般仅在制造厂采用。冷缩装配法一般用液氮等作

为冷源，且需有一定的绝热容器，故也只能在有条件时才采用。

②热套装配的基本原理。热套装配的本质是加热包容件（孔），使其直径膨胀一个配合过盈值，然后装入被包容件（轴），待冷却后，机件便达到所需结合的强度。实际上，加热膨胀值必须比配合过盈值大，才能保证顺利安装而不致于在安装过程中因包容件的冷却收缩而出现轴与孔卡住的严重事故。同时，为了保证具有较大的啮合力——结合强度，热套装配的结合面要经过加工，但不要过分光洁。

③加热温度的确定。工件材料确定后，温度取决于配合面的过盈量和所需装配间隙。装配间隙的大小直接影响装配时间。为防止包容件冷却收缩，必须限定装配时间。应当预留的装配间隙，一般允许偏差应符合随机技术文件的规定；无规定时应符合《机械设备安装工程施工及验收通用规范》GB 50231。

2. 安装高速端膜片联轴器

在风力发电机组中，通常在主轴与齿轮箱低速轴连接处选用刚性联轴器，齿轮箱与发电机连接的高速端选用膜片联轴器。安装高速端膜片联轴器的步骤如下所示。

①检验清理零部件。检查发电机键槽和发电机轴套法兰键槽。清理干净发电机轴头、轴套法兰、膜片联轴器和信号盘。

②安装轴套法兰。将信号盘套在发电机的轴上。加热轴套法兰到规定温度，将轴套法兰套入发电机轴。用卡尺测量发电机轴套法兰端面到齿轮箱轴套法兰端面的距离度，调整发电机轴套法兰的位置。

③安装联轴器总成。将膜片及联轴器中间体，按图 4-16 位置安装。螺栓的螺纹端朝向中间体的方向（中间位置），旋紧螺母，将中间体上的大小连接孔与两端的轴套法兰上大小孔错开安装。螺栓紧固按照第一章介绍的紧固要求去做。注意，应将中间体有力矩限制器（红色标记）的一端安装在发电机端。

④安装信号盘。用螺栓将发电机转速传感器的信号盘固定在发电机轴套法兰上，螺栓的紧固力矩为随机技术文件的规定值。

⑤根据随机技术文件的规定，紧固螺栓。检查螺栓联接必须使用经过校正的扭力扳手和液压扳手。如果被检查的螺栓数目少于实际数目，那么在这些检查过的螺栓上必须作标记，下次再检查其他的螺栓。如果在检查的螺栓中有一个因松

动而达不到指定扭矩，那么所有的螺栓都必须再检查遍。见图 4-13 至图 4-16。

⑥后处理。清理干净各零部件，做防腐和防松处理。

图 4-13　膜片

图 4-14　发电机轴套法兰

图 4-15　中间体

图 4-16　安装发电机联轴器

3. 安装低速端凸缘联轴器

（1）激光对中仪对中的基本原理

激光与普通光最大的区别在于其具有方向性和单色性。方向性是指激光从发生器射出后的光束不易发散，基本呈直线进行传播，到达接收器后能量损失较少；单色性是指激光发出的光波波长单一，易被接收器辨别，不受外界其他光干扰。

激光对中仪采用一定波长的半导体红色激光，其为双激光系统，即有两个既能发射激光又能接收激光的测量器，分别安装在联轴器的两个轴上，要求该两个测量器发出的激光能被另一个接收。当激光束落在接受器的采集面上时，便形成一个照射区域。主机经过计算，便不以确定这个照射区域的能量中心点。当轴开始旋转后，各自的能量中心点也分别在对方接受器的采集面上发生位移。激光对中仪再通过这种位移量计算出所测设备的轴偏差和角偏差。

最基本的操作方式是时钟法：对中时，分别在 9 点、12 点、3 点三个位置测量取得 3 组数据，并向仪器内输入所对中设备的相关轴向数据，即可利用单表法原理计算出偏差及所需的调整量，而且激光束与轴可不平行。由于激光对中仪采用的是单表法的原理，又有很多辅助计算功能，故和单表法一样，适用于任何情况转动设备的对中，尤其对跨距大、有轴向窜动的大型机组更有优势。

激光对中仪主要由以下六个部分组成：两个激光发射器 LD、两个光电接收器 PSD（目标靶）、两个内置电子倾角计、A/D 转换电路、显示单元、各种夹具和工具。其中两组 LD、PSD、倾角计分别封装在固定在基准轴上的测量单元 S 和固定在调整轴上的测量单元 M 内。所有组件可装于一个手提箱内，结构简单、携带方便。

（2）安装低速端凸缘联轴器

①清理检验。将主轴和齿轮箱的联轴器安装面清理干净，检验合格。

②安装低速轴联轴器前法兰盘。用规定的螺栓和平垫圈将低速轴联轴器前法兰盘内圈固定在主轴上。螺栓的螺纹部分涂螺纹锁固胶，螺栓头与垫圈接触面涂固体润滑膏。螺栓紧固力矩值为规定力矩值。螺栓紧固顺序为"十"字对称。见图 4-17。

③安装低速轴联轴器后法兰盘。先用 2 个内螺纹圆柱销将法兰盘固定在齿轮箱安装面上，再用规定螺栓和平垫圈将低速轴联轴器后法兰盘内圈固定。将配套的外套筒和套筒垫圈安装在法兰盘外圈安装孔内。螺栓紧固到额定力矩值。见图 4-18。

④检测联轴器的同轴度。安装齿轮箱调中工装，将工装安装在齿轮箱支撑臂和底座之间，固定牢固。见图 4-19 和图 4-20。安装激光对中仪，光电接收器安装在主轴上，激光发射器安装在齿轮箱上。

图 4-17　安装主轴低速联轴器

图 4-18　安装齿轮箱低速联轴器

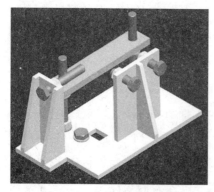

图 4-19　齿轮箱调中工装

图 4-20　安装齿轮箱调中工装

⑤低速联轴器调中。用齿轮箱调中工装和激光对中仪调整齿轮箱，保证齿轮箱和主轴的同轴度在规定值范围内。根据激光对中仪在 3 点和 9 点的读数来调整齿轮箱的前后位置。根据 12 点读数调整齿轮箱的上下位置，最后确定齿轮箱弹性支撑调整垫圈厚度。将调整工装拆下，垫上调整垫。见图 4-21 至图 4-23。

图 4-21　9 点测量位置

图 4-22　12 点测量位置

图 4-23　3 点测量位置

⑥确定调整垫的厚度。用高度尺测量齿轮箱支撑臂下平面距离底座安装面的高度 H，弹性支承下部用齿轮箱预压后的高度 h。然后，再根据实际情况，确定调整垫片的厚度。

⑦连接联轴器的固定螺栓。用规定的螺栓和平垫圈连接低速联轴器前后法兰盘。螺栓紧固顺序为"十"字对称，将其紧固到额定力矩值。螺纹和螺栓头与垫圈的接触面涂固体润滑膏。见图 4-24。

图 4-24　联轴器安装视图

⑧根据随机技术文件的规定，紧固螺栓。检查螺栓联接必须使用经过校正的扭力扳手和液压扳手。如果被检查的螺栓数目少于实际数目，那么在这些检查过的螺栓上必须作标记，下次再检查其他的螺栓。如果在检查的螺栓中有一个因松动而达不到指定扭矩，那么所有的螺栓都必须重新检查一遍。

第二节　制动器的安装和调整

一、制动系统的简介

　　本章节主要介绍水平轴风力发电机的主轴制动系统。一般制动系统由空气制动机构和机械制动机构两部分组成。这种制动系统安全性较高，动作灵活简单。

　　风机制动系统是由空气制动机构和机械制动机构组成。见图 4-25。

　　风力发电机机械制动器（以下简称"风电制动器"），是风力发电机的重要组成部分之一。它主要用来保证风力发电机的安全停机，或在紧急情况下非正常停机。

　　空气动力制动不能使风机停车，因此每台风力发电机必须配备机械制动系统。机械制动器在风力发电机上普遍采用钳盘式制动器。

制动顺序为：先投入空气制动闸将叶轮转速降低，再打开低速轴闸，最后投入高速闸。各闸体的时限由延时继电器控制。这套制动系统从受力分析和经济方面而言，是比较优秀的制动系统。

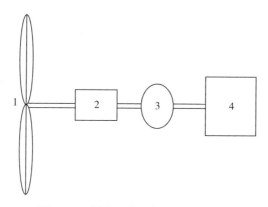

图 4-25 制动系统组成及安装位置图

1- 空气制动机构；2- 齿轮箱；3- 机械自动机构；4- 发电机

制动系统的主要功能是，在风速过大、外界环境改变或风电机组出现故障时，对风电机组实施停机制动。

对于不同的制动工况，停机方案不同。风力发电机的制动工况主要：正常停机、安全停机和紧急停机。

正常停机是指风电机组的外界环境改变或检修时的正常停机。制动过程分两步完成。首先空气制动机构启动，叶轮转速降低。当转速下降至一定值时（对于大中型风电机组一般为 15 r/min），投入机械制动机构。这时，空气制动机构仍保持制动状态，直到风电机组完全停机。

安全停机和紧急停机一般是指，风速大于额定风速或风电机组出现故障，为保证发电质量和风电机组的安全进行停机。在制动过程中，空气制动机构和机械制动机构同时投入，以最短的时间使风电机组停机。

制动系统是风力发电机组的重要组成部分。风电场中的风力发电机组一般是分散分布的，要求在控制上达到无人值守和远程监控。当风电机组出现故障或风速大于额定风速时，需要由控制系统下达停机指令。为了保证风力发电机组的安全并满足机组开停机工作的需要，逻辑上，制动系统的重要性应该高于其他系统。

二、风力发电机组的制动形式

对于定桨距风力发电机组，制动系统可以采用传动系统中的低速轴机械制动联合高速轴机械制动，或者叶尖制动联合传动系统中的低速轴机械制动。实践证明，叶尖制动联合传动系统中的高速轴机械制动形式比较好。

对于变桨距风力发电机组，制动系统采用顺桨制动联合传动系统中的高速轴机械制动，或者顺桨制动联合传动系统中的低速轴机械制动。实践证明，顺桨制动联合传动系统中的高速轴机械制动形式是最佳选择，因此优先推荐采用。

风力发电机组制动系统的组成形式，应符合下列组成原则。

（1）按正常工作方式下的投入顺序分为一级制动、二级制动等；对应以上要求，制动系统至少应设计有一级制动装置和二级制动装置。

空气动力制动（叶尖制动或顺桨制动）联合机械制动的制动系统，空气动力制动装置应作为风力发电机组的一级制动装置，机械制动装置作为二级制动装置。

低速轴机械制动联合高速轴机械制动的制动系统，低速轴机械制动装置应作为一级制动装置，高速轴机械制动装置作为二级制动装置。

（2）各级制动装置应既可独立工作，又可以在切入时间或切入速度上协调动作。

（3）至少应有其中的某一级为具有失效保护功能的机械制动装置。

（4）属于同一级的应既可独立工作，又可以在切入时间或切入速度上协调动作。

（5）除制动装置外，在适当位置应设有风轮的锁定装置。

三、制动器介绍

1. 主轴制动器

风力发电机组的主轴分为高速轴与低速轴，它们在风力发电机组需要制动时起关键的作用。

制动器的工作原理及安装位置。

　　制动器俗称刹车或闸，是使机械中的运动部件停止或减速的机械零件。制动器的工作原理是，利用与机架相连的非旋转元件和与传动轴相连的旋转元件之间的相互摩擦，来阻止轮轴的转动或转动的趋势。

　　在风力发电机组中，机械制动钳盘式制动闸通常设置在高速轴或低速轴上。低速轴安装在齿轮箱前面的主轴上。设置在低速轴上有以下优点：制动力矩较大，停机制动相对更可靠，而且制动过程中产生的制动载荷不会作用在齿轮箱上；但同时这种方式也存在不足，所需制动力矩大，且对闸体材料要求较高。高速轴闸安装在齿轮箱后面、发电机前面的传动轴上。

　　高速轴机械制动有以下优点：因为制动力矩与齿轮箱的传动比有关系，制动力矩较小。但同时它也存在弊端，在高速轴设置制动对齿轮箱有较大的危害；风轮叶片在制动时的不连贯停顿会产生动态载荷，使齿轮箱内齿与齿来回碰撞，导致齿牙长期受弯曲应力，使齿轮箱过载。这是影响风机性能的一个重要原因。大中型风力发电机组的机械制动机构一般为高速轴机械制动。

　　高速轴制动器。风力发电机的高速轴为齿轮箱的输出轴，此处转动力矩较低速轴小几十倍，高速轴制动器的体积比较小。制动盘安装在高速轴上，制动钳安装在齿轮箱体的安装面上，并用高强度螺栓固定。

　　低速轴制动器。大型风机一般采用变桨距系统，不必在低速轴上使用制动器。定桨距风机则必须在低速轴上使用制动器。由于风力发电机的低速轴转矩非常大，所以制动盘的直径也比较大。有安装在主轴上的，也有将制动盘制成与联轴器一体的。制动钳一般至少使用两个，直接安装在风机底盘的支架上。

2. 偏航制动器

　　偏航制动器制动盘是以塔架上的法兰盘作为制动盘，由于风力发电机的机舱和风轮总共有几十吨，所以转动起来转动惯量很大。为保证可靠制动，一台风力发电机至少需要 8 个偏航制动钳。除制动功能外，还要有阻尼功能以使偏航稳定。制动钳安装在底盘的安装支架上，用高强度螺栓固定。

　　采用齿轮驱动的偏航系统时，为避免振荡的风向变化而引起偏航轮齿产生交变负荷，应采用偏航制动器（或称偏航阻尼器）来吸收微小自由偏转振荡，防止偏航齿轮的交变应力引起轮齿过早损伤。见图 4-26。

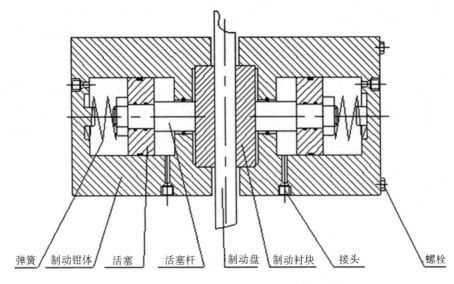

弹簧　制动钳体　活塞　　活塞杆　　制动盘　制动衬块　接头　　　　螺栓

图 4-26　偏航制动器的结构简图

　　风力发电机机械制动系统由制动盘和制动夹钳组成。制动盘固定安装在齿轮箱高速轴上，随高速轴一起旋转。制动夹钳固定安装在齿轮箱箱体上。在制动过程中，制动夹钳在液压压力或弹簧力作用下，夹紧制动盘，直至其停止转动。

3. 制动器的结构形式

　　机械制动在工作中是一种减慢旋转负载的制动装置。通常使用的机械制动器的分类如下。根据作用方式，可以将机械制动分为气功、液压、电液、电磁和手动等形式。按工作状态制动器又可分为常闭式和常开式。常开式制动器只有在施加外力时才能改变其松闸状态，使其紧闸。与此相反，常闭式制动器靠弹簧力的作用经常处于紧闸状态，运行时，需要再施加外力使制动器松闸。为保证安全制动，风机机组一般选常闭式制动器。摩擦式制动器按其摩擦副的几何形状可分为鼓式、盘式和带式，以鼓式、盘式制动器应用最广泛。

　　钳盘式制动器又称为碟式制动器，是因为其形状而得名。它由液压控制，主要零部件有制动盘、油缸、制动钳、油管等。制动盘用合金钢制造并固定在轮轴上，随轮轴转动。油缸固定在制动器的底板上固定不动。制动钳上的两个摩擦片分别装在制动盘的两侧。油缸的活塞受油管输送来的液压作用，推动摩擦片压向制动盘发生摩擦制动，动作起来就像用钳子钳住旋转中的盘子，迫使它停下来一样。

钳盘式制动器摩擦副中的旋转元件是以端面工作的金属圆盘，称为制动盘。工作面积不大的摩擦块与其金属背板组成的制动块，每个制动器中有 2~4 个。这些制动块及其驱动装置都装在横跨制动盘两侧的夹钳形支架中，总称为制动钳。这种由制动盘和制动钳组成的制动器称为钳盘式制动器。

钳盘式制动器的释放是制动器的制动覆面脱离制动轮表面，解除制动力矩的过程。常闭型钳盘式制动器的加载是靠弹簧力，用调整弹簧压力调整制动力的大小。驱动油缸的工作行程，是在制动器释放过程中柱塞移动的距离。

根据结构形式不同，常用的盘式制动器有全盘式、锥盘式和钳盘式三种。其中，钳盘式在风机机组中最为普遍。

钳盘式制动器的结构组成。钳盘式制动器是由安装在高速轴或低速轴上的制动盘与布置在四周的制动卡钳组成的。制动盘随轴一起转动，而制动夹钳固定。有一个预压的弹簧制动力作用在制动夹钳上，通过油缸提供的液压力推动活塞将制动夹钳打开。

四、安装高速制动器

高速制动器一般安装在齿轮箱的输出轴上，其装配方法如下所示。

（1）安装高速制动器的技术要求，要符合随机文件的规定。安装刹车片，将刹车片用螺栓固定在高速制动器上。见图 4-27。

图 4-27　安装刹车片

（2）安装。用专用吊具吊装高速制动器。调整高速制动器的位置，用调整垫调整两侧间隙均匀，用塞尺测量间隙。见图4-28和4-29。

图4-28　吊装高速制动器

图4-29　安装高速制动器

（3）后处理。在高速制动器固定块的裸露金属面刷防锈油。

五、安装偏航制动器

偏航制动器一般采用液压拖动的钳盘式制动器。

（1）偏航制动器是偏航系统中的重要部件，制动器应在额定负载下，制动力矩稳定，其值应不小于设计值。在机组偏航过程中，制动器提供的阻尼力矩应保持平稳，与设计值的偏差应小于 5%。制动过程不得有异常噪声。制动器在额定负载下闭合时，制动衬垫和制动盘的贴合面积应不小于设计面积的 50%；制动衬垫周边与制动钳体的任一配合间隙处应不大于 0.5 mm。制动器应设有自动补偿机构，以便在制动衬块磨损时进行自动补偿，保证制动力矩和偏航阻尼力矩的稳定。在偏航系统中，制动器可以采用常闭式和常开式两种结构形式。常闭式制动器是在有动力的条件下处于松开状态，常开式制动器则是处于锁紧状态。考虑失效保护时，一般采用常闭式制动器。

（2）制动盘通常位于塔架或塔架与机舱的适配器上，一般为环状。制动盘的材质应具有足够的强度和韧性。如果采用焊接连接，材质还应具有比较好的可焊性。此外，在机组寿命期内，制动盘不应出现疲劳损坏。制动盘的连接和固定必须可靠牢固，表面粗糙度应达到 $Ra3.2$。

（3）制动钳由制动钳体和制动衬块组成。制动钳体一般采用高强度螺栓连接，并用经过计算的足够的力矩固定于机舱的机架上。制动衬块应由专用的摩擦材料制成，一般推荐用铜基或铁基粉末冶金材料制成。铜基粉末冶金材料多用于湿式制动器，而铁基粉末冶金材料多用于干式制动器。一般每台风机的偏航制动器都备有两个可以更换的制动衬块。

（4）偏航系统的主要作用有两个：其一是与风力发电机组的控制系统相互配合，使风力发电机组的风轮始终处于迎风状态，充分利用风能，提高风力发电机组的发电效率；其二是提供必要的锁紧力矩，以保障风力发电机组的安全运行。偏航制动器安装在底座上，安装结构图，见图 4-30。在底座与制动器之间加调整垫，来保证制动器的上下刹车片与上车盘距离相等，再用塞尺测量间距。安装方如下。

①清理。清理底座上偏航制动器的安装面和螺纹孔。

②安装。将偏航制动器按上闸体、中间垫块、下闸体依次安装，先用规定螺栓预紧。加偏航刹车调整垫片调整间隙，间隙要符合制动器厂家的随机文件的技术要求。用塞尺测量间隙，见图 4-31。偏航刹车上下闸体必须按编号成对安装。注意调整垫片，并将其加在下闸体与底座之间。

③固定。将偏航制动器间隙调整合格后，按力矩要求紧固固定螺栓。在螺栓

的螺纹旋合面和螺栓头部与垫圈接触面涂固体润滑膏，螺栓对称紧固。

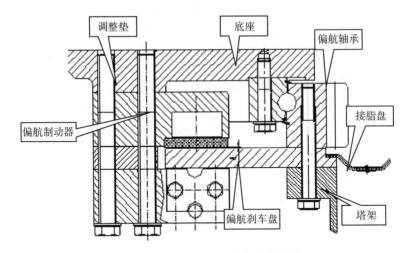

图 4-30 偏航制动器的安装结构图

图 4-31 测量刹车间隙

第三节 安装液压站

一、液压站的概述

液压站是由液压泵、驱动用电动机、油箱、方向阀、节流阀、溢流阀等构成的液压源装置，或包括控制阀在内的液压装置。按驱动装置要求的流向、压力和流量供油，适用于驱动装置与液压站分离的各种机械上，将液压站与驱动装置（油缸或马达）用油管相连，液压系统即可实现各种规定的动作。

液压站一般是为大中型工业生产的机械运行提供润滑、动力的机电装置。使用液压系统是由于液压系统在动力传递中具有用途广、效率高和构造简单的特点。液压系统的最主要任务就是将动力从一种形式转变成另一种形式。

1. 液压站工作原理

液压站又称液压泵站，电机带动油泵旋转，泵从油箱中吸油后打油，将机械能转化为液压油的压力能。液压油通过集成块（或阀组合）被液压阀实现了方向、压力、流量调节后经外接管路传输到液压机械的油缸或油马达中，从而控制了液动机方向的变换、力量的大小及速度的快慢，推动各种液压机械做功。

液压站是独立的液压装置，它按驱动装置（主机）要求供油，并控制油流的方向、压力和流量。它适用于主机与液压装置可分离的各种液压机械下，由电机带动油泵旋转，泵从油箱中吸油后打油，将机械能转化为液压油的压力能。

将液压站与主机上的执行机构（油缸和油马达）用油管相连，液压机械即可实现各种规定的动作、工作循环（偏航和刹车）。

2. 基本分类

按泵装置的机构形式、安装位置可分为：

（1）上置立式。泵装置立式安装在油箱盖板上，主要用于定量泵系统。

（2）上置卧式。泵装置卧式安装在油箱盖板上，主要用于变量泵系统，以便于流量调节。

（3）旁置式。泵装置卧式安装在油箱旁单独的基础上，旁置式可装备备用泵，主要用于油箱容量大于 250 L，电机功率 7.5 kW 以上的系统。

3. 冷却方式

（1）自然冷却。靠油箱本身与空气热交换冷却，一般用于油箱容量小于 250 L 的系统。

（2）强迫冷却。采取冷却器进行强制冷却，一般用于油箱容量大于 250 L 的系统。液压站以油箱的有效贮油量及电机功率为主要技术参数。油箱容量共有

18种规格（单位：L）：25、40、63、100、160、250、400、630、800、1000、1250、1600、2000、2500、3200、4000、5000、6000。本系列液压站根据用户要求及依据工况使用条件，可以做到：①按系统配置集成块，也可不带集成块；②可设置冷却器、加热器和蓄能器；③可设置电气控制装置，也可不带电气控制装置。

4. 组成部件

（1）功能部件。液压站是由泵装置、集成块或阀组合、油箱、电气盒组合而成，各部件功用如下。

泵装置——上装有电机和油泵，它是液压站的动力源，将机械能转化为液压油的动力能。

集成块——是由液压阀及通道体组合而成。它对液压油实行方向、压力、流量调节。

阀组合——是板式阀装在立板上，板后管连接，与集成块功能相同。

油　箱——是钢板焊的半封闭容器，上还装有滤油网、空气滤清器等，它用于储油、油的冷却及过滤。

电气盒——分两种形式：一种设置外接引线的端子板；另一种是配置了全套控制电气。

（2）元器件

①电动机、齿轮泵——为液压系统提供驱动力。

②电磁换向阀——控制液压油流方向，改变油缸的运动方向。

③电磁溢流阀——防止整个液压系统超压，相当于安全阀，保护油泵和油路系统的安全，以及保持液压系统的压力恒定。

④减压阀——通过调节减压阀可以满足不同的工作机构需要不同工作压力的要求，使二次油路压力低于一次油路压力。

⑤调速阀——对油路进行节流调速，可改变执行元件液压缸的工作速度。

⑥液压油过滤器——液压站内有两个滤油口，一个安装在齿轮泵的吸油口处，以免吸入油箱液压油中的颗粒等杂质；另一个装在系统的液压油输送管路上，以便清除液压油中的杂质，以及液压油本身化学变化所产生的胶质、沥青质、炭化的颗粒等，从而起到防止阀芯卡死、阻尼孔堵塞等故障发生。管路系统

上设有压差报警装置，滤芯堵塞时，发出电信号，此时应清洗或更换滤芯。

⑦压力表——用于显示液压站的工作压力，以利于操作人员控制油压。

⑧空气过滤器——安装在油箱上，有三重作用，一是防止空气中的污染物质进入油箱；二是起换气作用，避免油泵出现吸空现象；三是兼做液压油补充口。

⑨油位计——安装在油箱侧面，显示液压油的液位。

⑩温度表——有的油箱上装有温度表，显示液压油的温度。

⑪联接管路——输送液压驱动力，大部分用钢管，也有用耐压胶管。

二、安装液压站

（1）按照液压原理图，安装液压站上各液压管路。

（2）安装时，必须注意各油口的位置，不能接反和接错。

（3）油管必须用防锈清洗。清洗过的油管，如不及时装配，必须对管口进行封堵。

（4）管路上液压阀，要核对型号、规格。必须有合格证，并确认其清洁度。

（5）核对密封件的规格、型号、材质及出厂日期（应在使用期内）。

（6）装配前，再一次检查管路上孔道是否与设计图纸一致。

（7）检查连接螺栓，力矩值应符合液压阀制造厂的规定。

（8）管路的安装。防止液压元件受到污染。

（9）管道布置要整齐，油管长度要尽量短，管道的直角转弯应尽量少，刚性差的油管要进行可靠的刚性固定。管路复杂时，要将其高压油管、低压油管、回油管和吸油管分别涂上不同颜色，进行区分。

（10）吸油管的高度一般不大于 50 mm。溢流阀的回油管不应靠近泵的吸油管口，以免吸入温度较高的油液。

（11）回油管应伸到油箱液面以下，以防油液飞溅而混入气泡。回油管应加工成 45°斜角。

（12）液压站油管的固定。用液压钢管固定板、油管卡子和液压站油管固定，螺栓涂螺纹锁固胶。

（13）液压站的加油和吊装。用专用加油泵给液压站加入规定的液压油。安装吊具，将液压站吊置在底座的安装位置，用螺栓紧固，螺栓涂螺纹锁固胶，见图 4-32 和图 4-33。

图 4-32　安装液压站油管　　　　　　图 4-33　安装液压站

（14）后处理。将液压站分配块裸露金属面、液压胶管的金属连接部分和液压油管刷防锈油，要求清洁、均匀，无气泡。

复习思考题

1. 简述膜片联轴器的结构和安装过程。

2. 简述高速制动器的安装过程。

3. 简述偏航制动器的安装过程。

4. 简述液压站的安装及其作用。

5. 简述制动器的分类。

第五章　发电机系统安装与调整

1. 正确使用激光对中仪。

2. 掌握发电机磁极防护修复方法。

3. 掌握发电机制动器的安装和调整方法。

风力发电机是将风能转换成电能的电磁装置。发电机的种类和形式繁多，但是对于不同结构和特点的发电机，其工作原理都是基于电磁感应定律和电磁力定律。在原动机的带动下，发电机中的线圈绕组切割磁力线，在线圈绕组上就会有感应电动势产生。相对于磁极而言，产生感应电动势的线圈绕组通常被称为电枢绕组。发电机的基本组成部分都是产生感应电动势的线圈（电枢）和产生磁场的磁极或线圈。

风力发电机的整体结构通常由定子、转子、端盖、机座和轴承等部件构成。定子是指不转动的部分，主要包括定子铁心、定子绕组、机座、接线盒和固定这些部件的其他构件。转动的部分叫转子，转子主要包括转轴、转子铁心（磁轭、磁极绕组）、转子绕组、集电环（又称滑环）、风扇等部件。风力发电机由轴承和端盖将发电机的定子、转子连接组装起来，使转子能在定子中旋转，做切割磁力线运动，产生感应电动势，并通过接线端子引出，接在回路中，产生电流。

风力发电机类型很多，按照输出电流的形式可以分为直流发电机和交流发电机两大类。其中，直流发电机还可以分为永磁直流发电机和励磁直流发电机；交流发电机又可分为同步发电机和异步发电机。

异步发电机也称为感应发电机，它的典型特点是转子旋转磁场与定子旋转磁场不同步，即"异步"。它是利用定子与转子间的气隙旋转磁场与转子绕组中产生感应电流相互作用的交流发电机，即"感应发电机"；同步发电机的定子磁场是由转子磁场引起，并且它们之间总保持一先一后的等速同步关系，因此被称为同步发电机。

目前，在风力发电机组中，两种最具有竞争能力的结构形式是异步电机双馈式机组和永磁同步电机直接驱动式机组。大容量的机组多采用这两种结构，下面分别进行介绍。

第一节　双馈异步发电机的装配

一、双馈异步发电机的概述

双馈异步发电机用于变桨距、变速的风力发电机组。双馈式变速恒频风力发电机组是目前国内外风力发电机组的主流机型。

双馈异步发电机又名交流励磁异步发电机，结构上类似于绕线异步发电机，有定子和转子两套绕组。定子结构与普通异步发电机相同，转子结构带有集电环和电刷，见图5-1和图5-2。与绕线转子异步发电机和同步发电机不同的是，转子侧可以加入交流励磁，转子的转速与励磁频率有关，既可以输入电能也可以输出电能；既有异步电机的某些特点，又有同步电机的某些特点。

图5-1　双馈异步发电机（一）

图 5-2　双馈异步发电机（二）

　　双馈异步发电机实际上是异步发电机的一种改良，可以认为它由绕线转子异步发电机和在转子电路上所带交流励磁器组成。同步转速之下，转子励磁输入功率，定子则输出功率；同步转速之上，转子与定子均输出功率，"双馈"的名称由此而得。双馈异步发电机实行交流励磁，可调节励磁电流幅值、频率和相位。它在控制上更加灵活，改变转子励磁电流频率，可实现变速恒频运行。它既可调节无功功率又可调节有功功率，运行稳定性高。

　　双馈式风力发电机组的结构见图 5-3。双馈风力发电机组风轮将风能转变为机械转动的能量，经过齿轮箱增速驱动异步发电机，应用励磁变流器励磁而将发电机的定子电能输入电网。如果超过发电机同步转速，转子也处于发电状态，通过变流器和电网馈电。

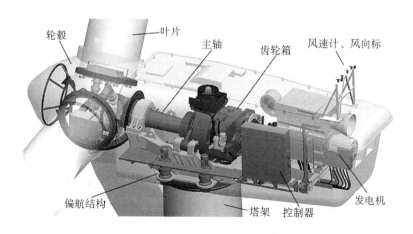

图 5-3　双馈型风力发电机组结构

齿轮箱可以将较低的风轮转速变为较高的发电机转速。同时，齿轮箱也使得发电机易于控制，实现稳定的频率和电压输出。

交流励磁变速恒频双馈发电机组的优点是：允许发电机在同步速上下 30% 转速范围内运行，简化了调整装置，减少了调速时的机械应力，同时使机组控制更加灵活、方便，提高了机组运行效率；它需要变频控制的功率仅是电机额定容量的一部分，使变频装置体积减小，成本降低，投资减少，并且可以实现有功、无功功率的独立调节。

交流励磁变速恒频双馈发电机组的缺点是：必须使用齿轮箱，然而随着风电机组功率的升高，齿轮箱成本变得很高，且易出现故障，需要经常维护，同时齿轮箱也是风力发电系统产生噪声污染的一个主要因素；当低负荷运行时，效率低；电机转子绕组带有集电环、电刷，增加维护工作量和故障率；控制系统结构复杂。

二、双馈异步发电机的装配

（一）装配双馈异步发电机弹性支撑

1. 安装发电机弹性支撑

（1）发电机弹性支撑。发电机弹性支撑是一种多层橡胶和多层钢板硫化而成的弹性体，与上壳和底板组装在一起的隔震装置，适用于风力发电机等高速旋转机械的减振。它具有良好的减振性能，能有效降低发电机的冲击载荷和运行噪音，并且还能实现垂向的高度调节与横向的位置调节，能很好地实现发电机与联轴器的对中，且安装方便、更换简单。

（2）准备好安装零部件、工装、工量具等工艺装备。

（3）清理和清洗底座发电机弹性支撑安装面和螺纹孔。

（4）安装发电机弹性支撑。按工艺规程技术要求，用紧固件将发电机弹性支撑安装到底座发电机支架上，螺栓不紧固，用手带上即可。待发电机调中完成后，再紧固力矩。见图 5-4 和图 5-5。

图 5-4　发电机弹性支撑

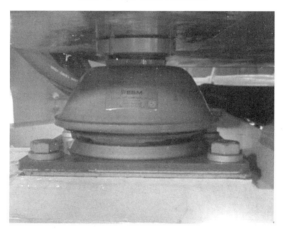

图 5-5　安装发电机弹性支撑

（二）安装发电机

1. 安装发电机

（1）准备好检查发电机、标准件和外购件等零部件，核对其规格、型号和数量。

（2）准备好吊装发电机的工装、吊索具等工艺装备。

（3）用清洗剂和大布清理发电机装配表面的油污，用角向磨光机清理干净电机安装面上多余的油漆和锈迹，见图 5-6。

图5-6　清理发电机安装面

（4）吊装发电机。用工装吊具将发电机吊起，按图样要求调整好装配角度，将发电机平稳放置在底座的发电机弹性支撑上，见图5-7。

图5-7　吊放发电机

2. 安装高速端联轴器的发电机侧组件

（1）清洁无键联轴器内孔表面和发电机轴头表面。

（2）拧松无键联轴器上所有的锁紧螺栓，将发电机侧组件装入发电机轴头。调整轴向位置达到联轴器随机技术文件的安装尺寸要求，见图5-8。

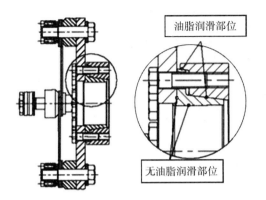

油脂润滑部位

无油脂润滑部位

警告：锥面表面必须在装配前涂有MoS2的油脂，请不要在锁紧螺栓上涂油脂。

图 5-8　安装高速联轴器发电机侧组件

（3）分几次对角逐渐拧紧无键联轴器上的锁紧螺栓，并达到拧紧力矩值的要求。

三、双馈异步发电机的调整（对中）

双馈异步风力发电机组主传动链是由低速轴、轴承、齿轮箱、高速轴、联轴器、发电机等几大部件组成。它们在连接装配时，保证对中性难度非常大。为了保证装配的同轴度，在风力发电机组的设计中，通过在主轴与齿轮箱低速轴连接处即低速轴端采用刚性联轴器，使主轴与齿轮箱固结为一体。而在发电机与齿轮箱高速轴连接处采用挠性联轴器，允许两者之间有少量的同轴度装配偏差，来保障风力发电机组能够平稳运行，降低设备振动和噪声，减少能量损失和机械部件的磨损（如轴承的磨损）。下面以一种异步风力发电机为例，介绍发电机与齿轮箱同轴度（对中）的调整方法。

（一）发电机对中的准备工作

（1）准备好发电机对中的调中工装、千斤顶、百分表等工艺装备。

（2）安装调中工装，并在发电机前后端安装好千斤顶等工装工具，见图 5-9 至图 5-12。

图 5-9　安装调中工装一

图 5-10　安装调中工装二

图 5-11　安装机械千斤顶

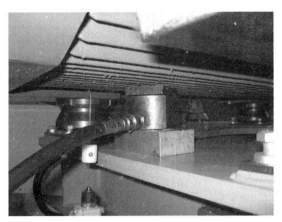

图 5-12 安装液压千斤顶

(二) 千斤顶

1. 螺旋千斤顶 (又称机械千斤顶)

(1) 工作原理

螺旋千斤顶是手动起重工具种类之一, 其结构紧凑。它是合理地利用摇杆的摆动, 使小齿轮转动, 经一对圆锥齿轮啮合运转, 带动螺杆旋转, 推动升降套筒, 从而使重物上升或下降, 见图 5-13。

图 5-13 机械千斤顶

(2) 使用方法

①顶升重物前, 注意放正千斤顶的位置, 使其保持垂直, 以防止螺杆偏斜弯

曲以及由此引起的事故。

②顶重时，应均匀使用力量摇动手柄，避免上下冲击而引起事故和损坏千斤顶。

③使用时，应注意不超过其最大的顶重能力，防止超负荷所引起的事故。

④使用时，顶升高度不要超过套筒或活塞上的标志线。对无标志线的千斤顶，其顶升高度不得超过螺杆丝扣或油塞总高度的3/4，以免将套筒或活塞顶脱，使千斤顶损坏并造成事故。

⑤放松千斤顶使重物降落之前，必须事前检查重物是否已经支垫牢靠，然后缓缓放落，以保证安全。

⑥使用保管期间，须用黄油润滑，以防过度磨损而缩短使用寿命。

（3）注意事项

①经常保持机体表面清洁，定期检查内部结构是否完好，使摇杆内小齿轮灵活可靠和升降套筒升降自如。

②升降套筒与壳体间的摩擦表面必须随时上油，其他注油孔应该定期加油润滑。

③出于安全考虑，切忌超载工作，也不宜多台同时使用。

2. 薄型千斤顶（又称分离式液压千斤顶）

（1）简介

薄型千斤顶是分离式液压千斤顶，其体积更小并可产生更大的工作能力，特别适合在空间位置狭窄的地方使用。它具有轻便灵活、顶力大等特点。见图5-14。

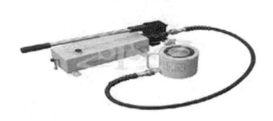

图 5-14 薄型千斤顶

（2）工作原理

薄型千斤顶工作基于帕斯卡原理，即千斤顶液体各处的压强是一致的，这样在平衡的系统中，比较小的活塞上面施加的压力比较小，而大的活塞上施加的压力也比较大，这样能够保持液体的静止，所以通过液体的传递，可以得到不同端面上的不同的压力，这样就可以达到一个变换的目的，从而达到起重顶起的目的。

（3）使用方法

①薄型千斤顶是分离式液压千斤顶，因此要注意液压泵的使用。

②使用前必须检查各部件是否正常。

③使用时，应严格遵守主要参数中的规定，切忌超高超载；否则当起重高度或起重吨位超过规定时，油缸顶部会发生严重漏油。

④如手动泵体的油量不足时，需先向泵中加入随机技术文件指定的液压油才能工作。

⑤电动泵的使用请参照电动泵使用说明书。

⑥重物重心要选择适中，还要合理选择千斤顶的着力点。底面要垫平，同时要考虑到地面软硬条件，是否要衬垫坚韧的木材，放置是否平稳，以免导致负重下陷或倾斜。

⑦千斤顶将重物顶升后，应及时用支撑物将重物支撑牢固。禁止将千斤顶作为支撑物使用。如需长时间支撑重物，请选用自锁式千斤顶。

⑧如需几只千斤顶同时起重时，除应正确安放千斤顶外，还应使用多顶分流阀。此外，每台千斤顶的负荷应均衡，注意保持起升速度同步。还必须考虑因重量不匀地面可能下陷的情况，防止被举重物产生倾斜而发生危险。

⑨使用时，先将手动泵的快速接头与顶对接。然后，选好位置，将油泵上的放油螺钉旋紧后即可工作。欲使活塞杆下降，将手动油泵手轮按逆时针方向微微旋松，油缸卸荷，活塞杆即逐渐下降；否则下降速度过快将产生危险。

⑩本千斤顶系弹簧复位结构，起重完后，即可快速取出，但不可用连接的软管来拉动千斤顶。

⑪因千斤顶起重行程较小，用户使用时千万不要超过额定行程，以免损坏千斤顶。

⑫使用过程中应避免千斤顶剧烈振动。

⑬不适宜在有酸碱和腐蚀性气体的工作场所使用。

⑭用户要根据使用情况对千斤顶进行定期检查和保养。

（4）注意事项

①使用时，如出现空打现象，可先放松泵体上的放油螺钉，将泵体垂直起来头向下空打几下，然后旋紧放油螺钉，即可继续使用。

②使用时，不得加偏载或超载，以免千斤顶破坏发生危险。在有载荷时，切忌将快速接头卸下，以免发生事故及损坏机件。

③本机是用油为介质，须做好油及本机的保养工作，以免淤塞或漏油而影响使用效果。

④新的或久置的油压千斤顶，因油缸内存有较多空气，开始使用时，活塞杆可能会出现微小的突跳现象。可将油压千斤顶空载往复运动2~3次，以排除腔内的空气。长期闲置的千斤顶，由于密封件长期不工作而造成密封件的硬化，从而影响油压千斤顶的使用寿命。因此油压千斤顶在不用时，每月要将油压千斤顶空载往复运动2~3次。

⑤高压油管出厂时需经过耐压试验。但由于胶管容易老化，用户需对其进行经常检查。一般为每六个月检查一次，频繁用者为三个月。检查时，用按随机文件要求的压力试压。如有爆破、凸起和渗漏等现象则不能使用。

（三）发电机的对中

1. 对中的方法

（1）直刀口/试塞尺法

①用直尺边缘和塞尺确定平行偏差的方向和数量。见图5-15。

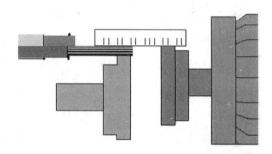

图5-15 直刀口-试塞尺法

②分别测量180°两点间隙，以确定角度不对中的方向和数量。见图5-16。

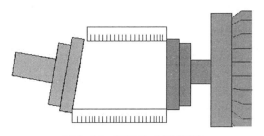

图5-16　直刀口-试塞尺法

（2）百分表法

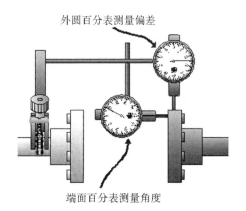

图5-17　百分表外圆端面测量法

（3）激光系统对中法

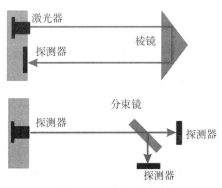

图5-18　单激光系统具

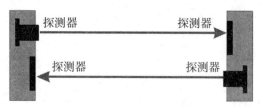

图 5-19　双激光系统

百分表法和激光系统测量法被广泛地应用于机械设备轴对中的测量和调整。

2. 发电机对中——百分表法

（1）安装百分表。在高速刹车盘的直径处安装百分表一，以测量端面误差。在齿轮箱轴套法兰的圆周上安装百分表二，以测量圆周误差。见图 5-20 和图 5-21。

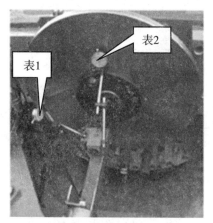

图 5-20　安装百分表一

图 5-21　安装百分表二

（2）对中调整。因为齿轮箱部件已固定，此时只需要调整发电机。高低方向的调整通过千斤顶在发电机底座下加减垫片即可，左右方向的调整通过调中工装移动发电机底座来完成。膜片联轴器许用补偿量应符合联轴器随机技术文件规定。无规定时，应符合《机械设备安装工程施工及验收通用规范》GB 50231 机械设备安装工程施工及验收通用规范中表 5.3.10 的规定。

3. 发电机对中——激光系统测量法

（1）激光对中仪

在对中过程中，我们将机械设备中不可调整的部分叫做"固定端 S"，在风力发电机传动系统中齿轮箱就是固定端；另一部分设备中可调的部分叫做和"移动端 M"，在风力发电机传动系统中发电机就是移动端。在水平和竖直两个方向上不对中的程度（径向偏差和角度偏差），通过几何关系计算得到水平方向和垂直方向的偏差值和调整量，偏差值用来作为衡量不对中程度的标准，调整量用来指导移动端机器的水平方向移动和竖直方向垫片的增减。

（2）激光对中的步骤

①将激光对中仪的 MOVABLE 表座（移动端）和 STATIONARY 表座（固定端）分别紧紧地固定在发电机的输入轴端和变速箱的输出轴端，连接好激光对中仪各部件。见图 5-22。

图 5-22　激光对中仪调中-12 点

②开机调整激光探头的高低位置，尽量使光束照射在对面激光探头接收器的中心位置。通过调中工装和薄型千斤顶来调整发电机。保证齿轮箱和发电机的轴

度和夹角度数相同。

③根据激光对中仪随机技术文件的要求进行对中操作。通过激光对中仪在 3 点和 9 点的读数，可以反映出水平与垂直方向的角度误差和径向误差，并反映出发电机前端与后端的调整量，以及来调整发电机前后位置。根据 12 点读数调整发电机上下位置，最后确定发电机弹性支撑调整高度。

④发电机和齿轮箱轴对中调整合格后，拆下调整工装，按工艺规程技术要求紧固发电机弹性支撑的固定螺栓和联轴器连杆的固定螺栓，并按要求的力矩进行紧固。

⑤后处理。对螺栓等紧固件做防松和防腐处理。

4. 发电机接地线的安装

（1）接地基本原理

①接地的概念。在电力系统中，接地通常的是指接大地，即将电力系统或设备的某一金属部分接地线连接到接地电极上。

②接地的目的主要是防止人身触电伤亡，保证电力系统正常运行，保护输电线路和变配电设备以及用电设备绝缘免遭损坏；预防火灾、防止雷击损坏设备和防止静电放电的危害等。

③接地的作用主要是利用接地极把故障电流或雷电流快速自如地泄放进大地土壤中，以达到保护人身安全和电气设备安全的目的。

（2）导电膏的使用

①导电膏又叫电力复合脂，是一种新型电工材料，可用于电力接头的接触面，其降阻防腐、节电效果显著。我国从 20 世纪 80 年代开始研制生产导电膏，至今已有几十个品种型号。它们的基本性能相同，是以矿物油、合成脂类油、硅油作基础油，加入导电、抗氧、抗腐、抑弧等特殊添加剂，经研磨、分散、改性精制而成的软状膏体。

②技术性能，电气连接导体接触面和触头接触面，不管加工如何光洁，从细微结构来看，都是凹凸不平的，实际有效接触面只占整个接触面的一小部分，各种金属在空气中还会生成一层氧化层，使有效接触面积更小。导电膏中的锌、镍、铬等细粒填充在接触面的缝隙中，等同于增大了导电接触面，金属细粒在压缩力或螺栓紧固力作用下，能破碎接触面上金属氧化层，使接触电阻下降，相应

接头温升也降低，使接头寿命延长。

③对于不同材质的接头特别是铜-铝接头，由于锌元素的中间介入，使铜铝两者电位差缩小，可减缓铜铝电化腐蚀。因此，在承载负荷电流的电力接头涂敷导电膏，对于降低接触电阻、抗氧化、防腐蚀、延长使用寿命，以及节省有功电量都是有益的，导电膏可用来取代传统的搪锡、镀银等工艺，有较大的推广使用价值。

④导电膏的正确使用

用细锉锉去接触面的毛刺，并用砂纸将接触面研磨平整，然后用去油剂除去表面上的油污。

用细钢丝刷除去表面氧化膜，用干净的棉纱蘸酒精将接触面擦拭干净。待表面干燥以后，预涂 0.05~0.1 mm 厚的导电膏，将导电膏抹平，刚能覆盖接触面为宜，并用铜丝刷轻轻擦拭。

除去膜层，擦拭表面，重新涂敷 0.2 mm 厚的导电膏，最后将接触面叠合，用螺栓紧固即可。

（3）发电接地线的制作

①如图 5-23 所示，在剥电缆头时，要根据接线端头长度加 2 mm 剥除。注意，不要将电缆芯打散。

图 5-23　剥电缆头

②如图 5-24 和图 5-25 所示，去除铜芯毛刺，均匀涂抹导电膏。将线鼻子套入铜芯，用液压压线钳装入压线卡头均匀压三道。注意，两端接线端头的方向不要扭绞。

图 5-24　涂导电膏插入线鼻子

图 5-25　压线卡头

③发电机接地线两端线鼻子接触面成90°夹角。

④如图5-26所示，两端分别套上热缩套，用热风机缩紧。

图 5-26　热缩套防护

⑤对接地两端的接触面除漆、除锈，按前面介绍的导电膏的使用方法涂抹导电膏。

（4）发电机接地线的安装

①将固定发电机接地线的螺栓拆下，用角向磨光机修平整安装面，并均匀涂抹导电膏。

②固定接地线。用拆下的螺栓将一根地线固定牢固。用规定的螺栓将另一端固定在发电机弹性支撑连接板的安装孔上。在安装面上均匀涂抹导电膏，螺纹涂螺纹锁固胶。见图5-27。用同样的方法将另一根地线接在发电机的另一侧，见图5-28。

图 5-27　安装发电机接地线（一）

图 5-28　安装发电机接地线（二）

③防腐处理。按工艺规程技术要求，将发电机的两根接地线上的导电膏清理干净。对发电机的弹性支撑、发电机安装面的裸露金属面和轴头裸露部分、固定螺栓六角头部分和底座上裸露金属面进行防腐处理，如刷防锈油或冷喷锌等。

第二节　永磁直驱同步发电机的装配

一、永磁同步风力发电机

1. 永磁同步风力发电机的特点

（1）永磁同步发电机具有结构简单、无需励磁绕组、效率高的特点。随着高性能永磁材料制造工艺的提高，目前在风力发电机组中，有两种最有竞争力的结构型式是异步电机双馈式机组和永磁同步直驱大型风力发电机组。

（2）永磁同步风力发电机通常用于变速恒频的风力发电系统中。风力发电机转子由风力机直接拖动，因此转速很低。由于去掉了齿轮箱等部件，减少了传动损耗和故障频率，提高了发电效率、增加了机组的可靠性和寿命；利用许多高性能的永磁磁钢组成磁极，不像电励磁同步电机那样需要结构复杂、体积庞大的励磁绕组，提高了气隙磁密和功率密度，在同功率等级下，减小了电机体积。同时，机组在低速下运行，旋转部件较少，可靠性更高。

（3）采用无齿轮直驱技术可减少零部件数量，降低运行维护成本。电网接入性能优异，当永磁直驱风力发电机组的低电压穿越使得电网并网点电压跌落时，风力发电机组能够在一定电压跌落的范围内不间断并网运行，从而维持电网的稳定运行。

2. 永磁同步风力发电机的分类

（1）从结构上，永磁同步风力发电机可分为外转子和内转子。

①外转子结构

对于典型的外转子永磁同步发电机结构，叶轮与发电机转动轴连接，转动轴与转子连接，直接驱动旋转。转子内圆（磁轭）上采用含稀土材料的钕铁硼永磁体拼贴而成的磁极，发电机定子（电枢绕组和铁心）与定子主轴相连。外转子设计，使其拥有更多的空间安置永磁磁极。同时转子旋转时的离心力，使磁极的固定更加牢固。

由于转子直接暴露在外部，所以转子的冷却条件较好。外转子存在的问题是主要发热部件定子的冷却和大尺寸电机的运输问题。

②内转子结构

内转子永磁同步发电机内部为带有永磁磁极、随风力机旋转的转子，外部为定子铁心。除具有通常永磁电机所具有的优点外，内转子永磁同步电机能够利用机座外的自然风条件，使定子铁心和绕组的冷却条件得到了有效改善。转子转动带来的气流对定子也有一定的冷却作用。

电机的外径如果大于4 m，往往会给运输带来一些困难。很多风电场都是设计在偏远的地区，从电机出厂到安装地，很可能会经过一些桥梁和涵洞，如果电机外径太大，往往就不能顺利通过。内转子结构降低了电机的尺寸，给电机运输带来了方便。

内转子永磁同步发电机中，常见有三种形式的转子磁路，分别为：径向式、切向式和混合式。相对其他转子磁路结构而言，径向磁化结构因为磁极直接面对气隙，漏磁系数小，且其磁轭为一整块导磁体，工艺实现方便。此外在径向磁化结构中，气隙磁感应强度接近永磁体的工作点磁感应强度。虽然没有切向结构有那么大的气隙磁密，但也不会太低，所以径向结构具有明显的优越性，也是大型风力发电机设计中应用较多的转子磁路结构。

本章以一种永磁直驱同步风力发电机（外转子型）为例，介绍发电机的装配工艺。

永磁直驱同步风力发电机一般由转子、磁钢、定子（铁心+线圈）、轴系总成（定子主轴、转动轴、轴承等）、制动器等部件组成，见图5-29。

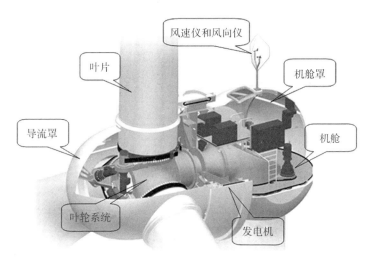

图 5-29　永磁直驱发电机

二、转子的装配工艺

永磁直驱机组的发电机转子主要由转子支架、磁钢固定装置、磁极等部分组成。

转子采用永磁体来励磁，永磁体大多采用含稀土材料的钕铁硼制成，不但可增大气隙磁通密度，而且没有励磁损耗，电机效率得以提高。当永磁同步发电机应用于较高转速时，为了保证永磁体在磁力和离心力的作用下，足够牢固和不发生位移，磁极须可靠地固定在转子上。磁极固定的方式常见的有粘接（表贴）方式和机械固定方式。

转子的装配工艺流程如下图所示：

| 转子的准备 | → | 磁钢固定（磁钢放置+磁极防护） | → | 安装转子附件 |

（一）转子的准备

转子支架是焊接件，多采用碳钢材质。固定磁钢的安装面我们称为磁轭，在使用转子前，要求对磁轭进行喷砂处理，清理掉磁轭表面的油污、锈斑、油漆等污物。

（1）转子的喷砂。喷砂前对转子磁轭的螺纹孔进行防护，防止喷进砂粒，难以清理。用喷砂等设备对转子磁轭表面进行喷砂除锈、去污的处理。

（2）转子的清扫。用工业吸尘器清洁转子表面，禁止将污物、沙尘带入磁钢推放工作区。

（3）转子的放置。安装吊运转子的吊带吊具，用行车将转子吊放至支撑工装上，用工装螺栓等紧固件进行固定，并按要求紧固力矩。

（4）转子的清洁

①保持作业区及区内工装设备的清洁。

②用大布和清洗剂清洁转子防腐表面，要求转子防腐表面无沙尘、油污等污物。

③用压缩空气吹扫螺孔，并清理所有的螺孔；若个别螺孔有问题，须过丝处理。过丝要求和注意事项，参见本系列教材（初级）第二章中的内容。

④用清洗剂和毛刷刷洗待粘磁轭表面，要求磁轭表面无锈斑、无油污、无沙尘等污物。

（二）磁极的固定工艺（磁钢推放+磁极防护）

磁极固定的两种方式都广泛地应用在风力发电机上。相比较而言，由于风力发电机组安装在野外环境，这对发电机的防护等级和安全性要求更高一些。虽然机械固定的方式工艺复杂了一些，但从风力发电机组运行的可靠性、安全性、低故障率来考虑，机械固定的方式不失为一种更优的选择。下面分别介绍这两种固定方式。

1. 粘接（表贴）方式

简单地说，粘接（表贴）方式就是用磁钢灌封胶水将磁钢粘贴到转子磁轭表面的工艺。用粘贴磁钢的专用模具和工装将磁钢推入转子磁轭，灌注胶水粘接磁钢。胶水固化后，磁钢就粘接在转子磁轭上了。接下来，再采用耐腐蚀、耐候性好的防腐材料对磁极表面进行防护（如环氧玻璃布层压板）。

2. 磁钢粘接（表贴）的方法

（1）准备粘接磁钢所需的零部件、标准件、工装设备、工量具、磁钢灌封胶水、磁极防护材料等生产辅料。

（2）安装磁钢粘贴工装。按图样和工艺装配规程的要求将模具吊至转子安装位置。调整好位置和间隙后，将转子固定，将磁钢推放工装与模具组对，调整好位置后对其进行固定。

（3）磁钢固定及防护。按图样和工艺装配规程的要求，将磁钢嵌放至推放工装，再由推放装置将磁钢推入模具与磁轭形成的型腔内，磁极成 N、S 极交替排列，见图 5-30。

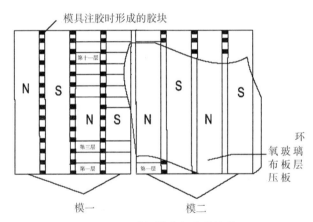

图 5-30　磁极排布与分段注胶

（4）磁钢推放完成后，灌注磁钢灌封胶水，按工艺规程技术要求进行加热后固化。

（5）固化后，打开模具，用专用量具检查和测量磁极的厚度尺寸。

（6）打磨磁极表面，采用耐腐蚀、耐候性好的防护材料对磁极表面进行防护，见图 5-31。

图 5-31　粘贴防护层

（7）磁极防护层的修补。磁极防护层固化后，检查磁极表面防护层质量。用记号笔标记出气泡的位置，用针头刺破气泡，再用注射器将磁钢灌封胶水注入气泡所在位置进行填充，直至填满，再迅速用压板压住。待胶液完全固化后，去掉压板工装，在针眼处涂刷所要求的防护漆。

（8）磁极防护层的防腐。用纸胶带粘贴在磁极防护层接缝两侧，间距宽度为 40~50 mm。用毛刷蘸防护漆对接缝进行反复多次涂刷，直至缝隙被填平。完成后，撕掉纸胶带。

3. 磁钢机械固定方式

简单地说，磁钢机械固定方式就是用螺栓等紧固件将非导磁的磁钢固定装置（如隔条、磁极盒等）和磁钢固定在转子磁轭上，然后用耐腐蚀、耐候性好的防护材料（如玻璃纤维布、不锈钢薄板等）对磁极表面进行防护。然后，再灌注磁钢灌封胶水，将磁钢和防护层都牢牢地固定在转子磁轭上。

4. 磁钢机械固定的方法

（1）准备磁钢机械固定所需的零部件、标准件、工装设备、工量具、磁钢灌封胶水、磁极防护材料以及生产辅料。

（2）推放磁钢。按图样和工艺装配规程的要求安装磁极推放工装，并调整好工装位置。将磁钢推放至非导磁的磁钢固定装置与磁轭形成的腔室，磁极成

N、S极交替排列。

（3）磁钢推放完成后，用耐腐蚀、耐候性好的防护材料（如玻璃纤维布、磁极盒）对磁极表面进行防护，真空灌注磁钢灌封胶水进行密封和粘接。再对其按工艺规程技术要求进行加热后固化。

（4）固化后，去除覆层辅材，测量磁极最大厚度尺寸。

（5）磁极防护层的修补。检查磁极防护层的质量，当发现磁极表面有气孔和形状缺陷时，需要使用专用封孔剂或填修补剂进行封堵填平。待封孔剂完全干燥后，使用磨砂机和细砂纸打磨光滑、平整，见图5-32。

图5-32　封堵磁极表面气孔

（6）磁极防护层的防腐。按图样和工艺装配规程的要求，用毛刷或滚刷均匀涂刷磁极防护漆。要求厚度均匀、无气眼、无流挂、无遗漏，见图5-33。

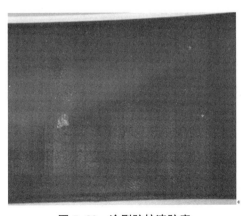

图5-33　涂刷防护漆防腐

5. 转子附件的装配工艺

安装密封胶条

（1）用规定的胶水粘贴发电机叶轮侧密封胶条，防止雨水、沙尘、石粒等异物进入发电机。

（2）用规定的胶水粘贴定、转子风道的密封胶条，防止铁屑、沙尘等异物进入定转子间隙。

三、主轴系的装配

永磁直驱同步发电机轴系直接与叶轮与发电机连接，省略了中间的齿轮箱、联轴器等部件，因此永磁直驱同步发电机结构很紧凑。轴系主要由定子主轴、转动轴、轴承、轴承密封件等部件组成。下面介绍一种永磁直驱同步发电机的轴系装配。

（一）主轴承的装配

主轴系采用的是双（前后）轴承的结构方式。前轴承采用的是双列圆锥滚子轴承，主要承受以径向为主的径、轴向联合载荷；后轴承采用的是单列圆柱滚子轴承，主要承受径向载荷，也可承受较轻的单向轴向载荷。永磁直驱发电机动、定轴的轴径较大、承载能力较强，轴承的装配都是过盈装配。这里介绍用加热的方式装配轴承。

1. 轴承装配前的检查与清洁

（1）按图样要求检查与轴承相配的零件，如轴颈、箱体孔、端盖等表面的尺寸是否符合图样要求，是否有凹陷、毛刺、锈蚀和固体微粒等。

（2）检查密封件并更换损坏的密封件。每次拆卸橡胶密封圈时，都必须更换。

（3）在轴承装配操作开始前，才能将新的轴承从包装箱中取出，必须尽可能使它们不受灰尘污染。

（4）检查轴承型号与图样是否一致，以及相关零件的尺寸和精加工情况。有时过盈配合的轴承需要选配才能满足图样要求。

（5）清洗轴承的方法

①凡用防锈油封存的轴承，可用汽油或煤油清洗。

②凡用厚油和防锈油脂，如工业用凡士林防锈的轴承，可先用 10 号机油或变压器油加热溶解清洗（油温不允许超过 100 ℃）。把轴承浸入油中，待防锈油脂溶化取出冷却后，再用汽油或煤油清洗。

③凡用气相剂、防锈水和其他水溶性防锈材料防锈的轴承，可用皂类及其他清洗剂清洗。

（6）清洗轴承的注意事项

①用汽油或煤油清洗时，应一手握住轴承内圈，另一手慢慢转动外圈。直至轴承的滚动体、滚道、保持架上的油污完全洗掉之后，再清洗轴承外圈的表面。清洗时还应注意，开始时宜缓慢转动，往复摇晃，不允许过分用力旋转。否则，轴承的滚道和滚动体易被附着的污物损伤。当轴承的清洗数量较大时，为了节省汽油、煤油和保证清洗质量，可分粗、细清洗两步进行。

②对于不便拆卸的轴承，可用热机油冲洗。即用温度 90 ℃~100 ℃ 的热机油淋烫，使旧油融化，再用铁钩或小勺把轴承内旧油挖净，然后用煤油将轴承内部的残余旧油、机油冲净，最后用汽油冲洗一遍即可。

③轴承的清洗质量靠手感检验。轴承清洗完毕后，仔细观察，在其内外圈滚道里、滚动体上及保持架的缝隙里总会有一些剩余的油。检验时，可先用干净的塞尺将剩余的油刮出，涂于拇指上，用食指来回慢慢搓研。手指间若有沙沙响声，说明轴承未清洗干净，应再洗一遍。最后，将轴承拿在手上，捏住内圈，拨动外圈水平旋转（大型轴承可放在装配台上，内圈垫垫、外圈悬空、压紧内圈、转动外圈），以旋转灵活、无阻滞、无跳动为合格。

④对清洗好的轴承，填加润滑剂后，应放在装配台上，下面垫以净布或纸垫，上面盖上塑料布，以待装配。不允许将其放在地面或箱子上。挪动轴承时，不允许将其放在地面或箱子上。挪动轴承时，不允许直接用手拿，应戴帆布手套或用净布将轴承包起后再拿；否则，由于手上有汗气、潮气，接触后易使轴承产生指纹锈。

⑤对两面带防尘盖或密封圈的轴承，以及涂有防锈、润滑两用油脂的轴承，因在制造时就已注入了润滑脂，故安装前不需要再对其进行清洗。

2. 滚动轴承的装配方法

滚动轴承的装配方法应根据轴承装配方式、尺寸大小和轴承的配合性质来确定。

（1）滚动轴承的装配方式

根据滚动轴承与轴颈的结构，通常有四种滚动轴承的装配方式。

①滚动轴承直接装在圆柱轴颈上，这是圆柱孔滚动轴承常见的装配形式。

②滚动轴承直接装在圆锥轴颈上，这类装配形式适用于轴颈和轴承孔均为圆锥形的场合。

③滚动轴承装在紧定套上。

④滚动轴承装在退卸套上。

后两种装配形式适用于滚动轴承为圆锥孔，而轴颈为圆柱孔的场合。

（2）滚动轴承的尺寸

根据滚动轴承内孔的尺寸，可将滚动轴承分为以下三类：

①小轴承。指孔径小于80 mm的滚动轴承。

②中等轴承。指孔径大于80 mm、小于200 mm的滚动轴承。

③大型轴承。指孔径大于200 mm的滚动轴承。

（3）滚动轴承的装配方法

根据滚动轴承装配方式和尺寸大小及配合的性质，通常有四种装配方法：机械装配法、液压装配法、压油法和温差法。下面着重介绍适用于大型滚动轴承的温差法。

①温差法装配。这种方法一般适用于大型滚动轴承。随着滚动轴承尺寸的增大，其配合过盈量也增大，其所需装配力也随之增大。因此，可以将滚动轴承加热，然后与常温轴配合。滚动轴承和轴颈之间的温差取决于配合过盈量的大小和滚动轴承尺寸。当滚动轴承温度高于轴颈80 ℃~90 ℃时，就可以安装了。一般滚动轴承加热温度为110 ℃，不能将滚动轴承加热至120 ℃以上，因为这将会引起材料性能的变化。更不能利用明火对滚动轴承进行加热，因为那样做会导致滚动轴承材料产生应力而变形，从而破坏滚动轴承的精度。

注意：安装时，应配戴干净的专用防护手套搬运滚动轴承，将滚动轴承装至轴上与轴肩可靠接触，并始终按压滚动轴承直至滚动轴承与轴颈已紧密配合，以防止滚动轴承冷却时套圈与轴肩分离。

3. 滚动轴承的加热方法

根据装配滚动轴承的类型，有四种不同的加热方法，分别是感应加热器加热法、电加热盘加热法、电热箱和油浴加热法。下面着重介绍一下感应加热器加热法。

（1）感应加热器（涡流加热器）。这种加热器主要适用于小滚动轴承和中等滚动轴承的加热。其感应加热的原理与变压器相似，其内部有一绕在铁心上的初级绕组，而滚动轴承常作为一个次级绕组套在铁心上。当通电时，通过感应作用对滚动轴承进行加热，见图 5-34。利用感应加热器对滚动轴承进行加热后，必须进行消磁处理，以防止吸附金属微粒。感应加热器的优点是：滚动轴承能够保持清洁；对滚动轴承无须预加热；加热迅速、效率高；安全、环保；油脂仍保留在滚动轴承中（带密封的滚动轴承）；能量消耗低；温度可以得到很好的控制。

图 5-34　涡流加热器

（2）轴承加热器（涡流加热器）的操作规程和注意事项。

①按 START 键启动加热，如需保持温度，则在按 START 键前按温度保持即可。

②如采用时间控制模式，在开机后只需按下时间控制键即可进入时间控制模式（按上下选择）。

③采用时间控制模式时，无须再用温度传感器。应将温度传感器从工件取下，以延长其使用寿命。

④只能在 380V 电压下使用。

⑤严禁空载启动加热装置。

⑥主机未放置轭铁前，严禁按启动按钮开关。

⑦当采用温度控制模式时，应将传感器吸附在工件内侧上，接触面应保持干净。若出现 E03 提示，请检查传感器是否接好或加热工件太大；若出现反复提示，请检查传感器是否已损坏。

⑧易受磁场影响的物品应远离。如心脏起搏器、助听器、磁带及磁卡等物品，安全距离为 2 m。

（二）定子主轴与后轴承的装配工艺

1. 后轴承的装配流程如下所示：

安装后轴承密封保持架 ▷ 安装后轴承内圈 ▷ 安装后轴承定位环 ▷ 安装后轴承外圈 ▷ 安装后轴承密封圈 ▷ 安装后轴承外圈压盖

2. 后轴承的结构，见图 5-35。

图 5-35　单列圆柱滚子轴承

3. 后轴承的装配工艺

（1）准备装配后轴承所需的零部件、标准件、工装、工具和生产辅料等。

（2）竖立定子主轴。将定子主轴竖立，法兰面朝下放置。用水平尺调平法兰面。

（3）清洗和清理所有零部件和工装的装配面，要求安装面无油污、毛刺、锈蚀和多余的防腐层等。

（4）加热并装配后轴承密封保持架和后轴承内圈。按图样和装配工艺规程的要求用轴承加热器（常用涡流加热器）加热后轴承密封保持架和后轴承内圈。达到设定的温度和保温时间后，快速将保持架套入定子主轴。然后，旋转装配，要求与轴肩无间隙贴合。再迅速将后轴承内圈套入定子主轴，旋转装配。与保持架轴肩无间隙贴合，可用塞尺检查。

（5）装配后轴承定位环。按图样和装配工艺规程的要求装配后轴承定位环。

（6）套入后轴承压盖。将止口配做好的后轴承压盖提前套入定轴。

（7）装配后轴承外圈。后轴承内圈恢复环温后，用加脂机给轴承内圈滚动体与保持架间的空隙加注少量润滑脂，再用专用夹具将后轴承外圈套入内圈并旋转装配。按图样和装配工艺规程要求的用量给后轴承加注润滑脂。

（8）检查。可用塞尺沿着圆周方向整圈测量装配后的间隙，将测量数据与图样和工艺装配规程比对，看是否满足要求。

（9）防护。发电机整体装配前，将定子主轴上后轴承外圈及前轴承装配面涂薄薄一层润滑脂。然后，再用缠绕膜进行防护，防止后轴承和装配面生锈、进入粉尘等异物。

4. 塞尺的使用方法及注意事项

（1）塞尺的基本定义

塞尺是由一组具有不同厚度级差的薄钢片组成的量规。塞尺又称测微片或厚薄规，是用于检验间隙的测量器具之一。每把塞尺中的每片具有两个平行的测量平面，且都有厚度标记，以供组合使用。见图 5-36。

图 5-36 塞尺

在检验被测尺寸是否合格时，可以用通止法判断，也可由检验者根据塞尺与被测表面配合的松紧程度来判断。测量时，根据结合面间隙的大小，用一片或数片重迭在一起塞进间隙内。

（2）塞尺的使用方法

①用干净的布将塞尺测量表面擦拭干净。不能在塞尺沾有油污或金属屑末的情况下进行测量，否则将影响测量结果的准确性。

②将塞尺插入被测间隙中，来回拉动塞尺。如果感到稍有阻力，则说明该间隙值接近塞尺上所标出的数值。如果拉动时阻力过大或过小，则说明该间隙值小于或大于塞尺上所标出的数值。测量时，塞片以单片合用为最佳。如果单片厚度不能达到测量要求，则可选用几个塞片组合使用。在满足要求的环境下，选用的塞片越少，测量结果的精度也就越高。

③进行间隙的测量和调整时，先选择符合间隙规定的塞尺插入被测间隙中。然后，一边调整一边拉动塞尺，直到感觉稍有阻力时拧紧锁紧螺母。此时，塞尺所标出的数值即为被测间隙值（塞尺单片使用时，实际测得值即为塞片厚度；许多塞片组合使用时，实际测得值为各个组合塞片的厚度之和）。

（3）使用塞尺时的注意事项

①塞尺必须在校正有效期内方可使用。

②塞片插入时要平等于隙位，且应轻轻用力。

③不要将塞片在其他硬物上用力摩擦。

④塞片使用时，要轻拿轻放。特别是 0.01 mm～0.10 mm 厚的塞片，极容易打折扣和断开，使用时应特别注意。

⑤有需要时，应对塞尺加涂防锈润滑油。

（三）转动轴与轴承的装配要求

1. 前轴承的装配流程如下所示：

安装前轴承第一个外圈和中间隔环 → 安装前轴承内圈 → 安装前轴承第二个外圈 → 安装前轴承密封圈及外圈压盖

2. 前轴承的结构，见图5-37。

图5-37　双列圆锥滚子轴承

3. 前轴承的装配要求

（1）准备装配前轴承所需的零部件、标准件、工装、工具和生产辅料等。

（2）竖立转动轴。将转动轴竖立，后轴承安装面朝下放置，前轴承安装面朝上放置。用水平尺调平上端面。

（3）清洗和清理所有零部件及工装的装配面，要求安装面无油污、毛刺、锈蚀和多余的防腐层等。

（4）加热转动轴。用转动轴加热设备来加热转动轴，达到设定的温度和保温时间。

（5）装配前轴承第一个外圈和中间隔环。用专用工装快速将前轴承第一个外圈套入转动轴，旋转装配，要求与轴肩无间隙贴合。若前轴承有中间隔环的话，快速将中间隔环套入转动轴，旋转装配，要求与前轴承外圈端面无间隙贴合。并用加脂机在外圈滚道上均匀加注少量润滑脂。

（6）装配前轴承内圈。用加脂机按图样和工艺装配规程要求的用量均匀加注润滑脂，再迅速将前轴承内圈套入转动轴，旋转装配。

装配前轴承第二个外圈和压盖。用专用夹具快速将前轴承第二个外圈套入转动轴，并用螺栓等紧固件快速将前轴承外圈压盖安装在转动轴上，并按要求的力矩进行预紧固。注意，前轴承外圈压盖在安装前需要按计算公式提前配作加工好。

（7）防护。用缠绕膜将转动轴前轴承进行密封防护，防止轴承进入粉尘等异物。

四、发电机的装配

（一）发电机装配的工艺流程

1. 发电机装配的工艺流程如下所示：

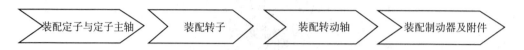

装配定子与定子主轴 ▷ 装配转子 ▷ 装配转动轴 ▷ 装配制动器及附件

（二）定子与定子主轴的装配要求

永磁直驱的定子主要由定子支架总成、绕组总成、铁心总成、引出线缆防护总成等部件组成。

（1）准备好装配定子与定子主轴所需的零部件、标准件、工装工具和生产辅料等。

（2）清理定子。用大布和清洗剂清洁发电机定子支架，用压缩空气吹扫绕组和铁心，用无水酒精清洁绕组和铁心。定子表面不得有锈、水、污渍和杂物。清理定子与定子主轴的安装接合面，保证清洁。

（3）连接定子主轴与支撑工装。按图样和装配工艺规程的要求，用专用吊索具将定子主轴组件吊运至支撑工装上方。对正安装孔后，用螺栓等紧固件进行固定，按要求紧固力矩。

（4）装配定子。用专用吊定子的索具将定子吊运至定子主轴上方，对正安装孔后落在定轴上。用塞尺检查定子与定轴的同轴度是否满足图样和装配工艺规程的要求。用螺栓等紧固件连接定子与定子主轴，按要求的力矩值进行紧固，螺栓紧固方法见本系列教材（初级）第一章的相关内容。

（三）转子的套装要求

（1）准备好装配转子所需的零部件、标准件、工装、工量器具和生产辅料等。

（2）清洁转子。按工艺规程技术要求清洁转子磁极防护层和转子外表面。

要求转子磁极不得有污渍、粉尘、磁粒和杂物等。清理转子与转动轴的安装接合面，保证清洁。

（3）安装转子套装工装。按图样和装配工艺规程的要求安装转子的套装工装、吊索具、专用工装等，按要求紧固力矩。

（4）装配转子。用行车和吊索具将转子吊运至定子主轴上方，通过套装工装小间隙配合，将转子缓慢套入定子。注意，套装过程不允许损伤定子和转子的防护层。

（5）调整转子与定子主轴的同轴度。用深度尺测量转子与定子主轴的同轴度，确保符合图样和装配工艺规程的要求。

（四）转动轴组件的装配要求

（1）准备好装配转动轴组件所需的零部件、标准件、工装工具和生产辅料等。

（2）清洁转动轴组件。用大布和清洗剂清洁转动轴组件外表面，要求转动轴表面不得有油污、水、污渍等。清理转动轴与后轴承的安装接合面，保证该部位的清洁。

（3）加热转动轴组件。用吊具将转动轴组件吊至转动轴加热装置内，盖上盖子，按图样和装配工艺规程的要求设定加热温度、时间和保温时间，加热直至保温结束。

（4）安装转动轴导向工装。按装配工艺规程的要求在转动轴底部（后轴承端）安装导向工装。将主要导正转动轴套入后轴承，以防止转动轴磕碰损伤后轴承。

（5）装配转动轴组件。用行车和转动轴吊具将加热好的转动轴组件提起，并用水平尺找平。找平后，将转动轴组件吊至定子主轴上方。然后，边观察边平稳下降转动轴，缓慢平稳地将转动轴套入定子主轴。

（6）预压后轴承外圈。装配完转动轴组件后，快速安装后轴承外圈压板工装。对后轴承外圈进行预压，按要求的力矩预紧固。

（7）安装前轴承内圈压盖。装配完转动轴组件后，快速将前轴承密封圈安装至定轴指定部位，将配作好的前轴承内圈压盖预紧固。

（8）安装后轴承压盖。待转动轴恢复环温后，用油压千斤顶或薄型千斤顶将压盖顶起，用螺栓等紧固件将其固定在转动轴上。按要求的力矩进行紧固。

（9）检查。待转动轴恢复环温后，用力矩扳手紧固所有压盖上的螺栓，达到要求的力矩值。

（10）安装转子端盖板。用螺栓等紧固件将转子端盖板固定在转子上，并按要求的力矩紧固。

（11）检查定子和转子径向间隙。转动发电机2~3圈后，用间隙塞尺均匀检测定子和转子径向间隙。间隙应满足工艺规程的技术要求。

（12）安装和检查发电机锁定销。发电机装配完成后，按图样和工艺规程的技术要求安装锁定销，并进行锁定检查。检查所有锁定销能否同时完全锁定到位确保其可靠有效。

风力发电机组停机后，为确保检修人员安全进出叶轮维护和检修机组，防止叶轮、发电机转动而设计的安全锁定装置。检修人员启动刹车闸，旋入转子刹车锁定销将转子锁住，使发电机处于锁定状态，确保安全。

锁定销通常采用机械锁定方式，根据作用方式不同可分为手动、液压等形式。下面分别介绍下手动锁定销和液压锁定销的使用和安装。

①手动锁定销。如图5-38所示，虚线锁定销是锁定发电机时的状态。锁定套和锁定销等零部件固定在定子支架上。锁定发电机时，须先拔出销1，盘动手轮，对准转子刹车环的锁定槽口，将锁定销向右推入锁定槽内，再插上销1。待锁定销传感器感应到销1，说明已完成发电机的锁定。此时，维修人员可打开发电机舱门进入叶轮。

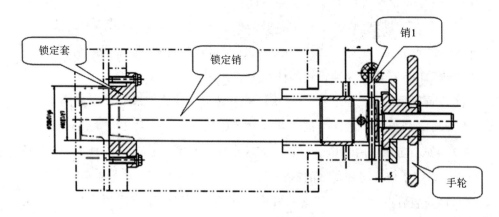

图5-38　手动锁定销

②液压锁定销。是液压驱动锁定装置，由法兰盘通过螺栓固定在锁定销座上，在制动器提供足够的制动力，使转子完全停止时，锁定销在液压力的作用下实现其锁定功能；在去除制动力的情况下，仍能可靠地阻止转子转动。见图5-39。

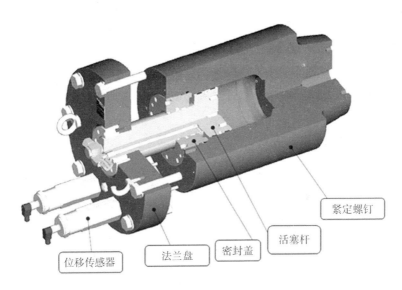

图 5-39　液压锁定销结构图

安装前的检查：

·检查液压锁定销的各零部件是否齐全。

·液压锁定销动作是否灵活，各活动铰点有无锈蚀、卡死现象。

·核对待装的液压锁定销主要技术参数与所要求是否一致。

·检查锁定销表面是否沾有油污和其他杂质。

·检查液压锁定销的安装基座是否稳固平整，安装孔位置尺寸是否准确。

安装液压锁定销：

·检查液压油的管路。油管为冷拔管或高质量软管，管路要清洗干净，不能有任何杂质。最后，用管夹固定。

·拧掉油口上的螺塞，把锁定销和管路连接并拧紧。

·油压设定。锁定销的工作压力应按随机技术文件设置，工作压力过低或过高都会造成安全事故。

·向锁定销输入工作油压，使锁定销连续动作 20~30 次。让锁定销在动作过程中进行自动的随位调整，然后观察锁定销的位置是否正确。在确定位置正确后，紧固螺栓并达到要求的力矩值。

（五）制动器的安装

1. 制动装置的作用

制动装置的作用是为了保证机组从运行状态到停机状态的转变，它既是安全系统又是控制系统的执行机构。制动装置是安全控制的关键环节，它是风力发电机组出现不可控情况的最后一道屏障。

2. 气动制动和机械制动

风机从正常运行到停机需经历两个阶段：气动刹车阶段和机械刹车阶段。

气动刹车装置的型式根据风机型式不同而不同。对于定桨距风机，气动刹车是通过叶片上的叶尖扰流器来实现的。在风机需要停机时，扰流器在离心力作用下释放并形成阻尼板。由于叶尖部分处于距离轴最远点，整个叶片作为一个长的杠杆，使扰流器产生的气动阻力相当高，足以使风机在几乎没有任何磨损的情况下迅速减速。对于变桨距风机，气动刹车是通过叶片变桨实现的。叶片变桨改变叶片功角，减小叶片升力，利用风力来降低叶片转速。

气动刹车并不能使风机完全停住，在风力发电机速度降低之后，必须依靠机械制动系统才能使风机完全停止。机械制动是一种减慢旋转负载的制动装置。根据作用方式，它可分为气动、液压、电液、电磁和手动等型式。在风力发电机组中，常用的机械制动器为液压盘式制动器。盘式制动器沿着制动盘轴向施力。制动器不受弯矩。径向尺寸小，散热性能好，制动性能稳定。

3. 液压盘式制动器

（1）液压盘式制动器是主动式制动器，制动器由钳体由两个半钳体和一块中间垫板组成，安装在制动盘上。每个半钳体由一个缸体构成，缸体里有两个活塞和一个制动衬垫。制动衬垫放在缸体的沟槽里，通过改变液压力实现制动力改变，通过改变活塞的行程来实现衬垫磨损的补偿。制动器有足够大的摩擦片作用在制动盘的两面，摩擦材料为复合材料。

（2）主动式夹钳的工作原理。当风机需要制动时，必须向制动器油缸中通入高压液压油，液压油推动活塞把摩擦片推向制动盘一侧。当摩擦片接触到制动盘表面后，持续的液压油压力提供反作用力使钳体组件在滑轴上向反方向移动，从而带动另一侧摩擦片压紧制动盘。这样，两个摩擦片各自压紧在制动盘两侧，从而提供了制动力。当风机需要正常运行时，高压油卸荷，摩擦片在复位弹簧的作用下远离制动盘，制动力消失，制动盘可随高速轴自由旋转。主动式夹钳的结构，见图5-40和图5-41。

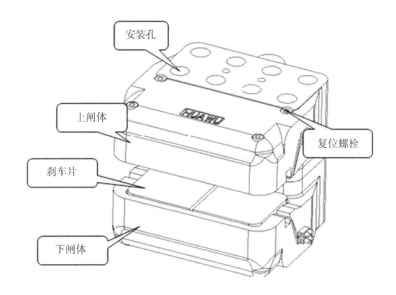

图5-40 液压盘式制动器（一）

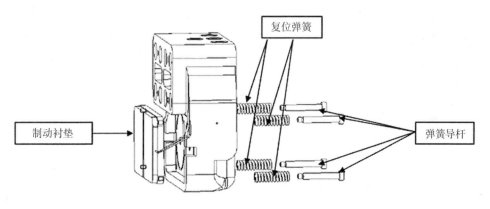

图5-41 液压盘式制动器（二）

（3）安装制动器

①准备好装配制动器所需的零部件、标准件、工装工具和生产辅料等。

②清洁。用大布和清洗剂清洁制动器的安装面，要求安装面不得有锈斑、油污等。

③用螺纹清理刷清理制动器安装螺孔，并用压缩空气吹扫，确保螺孔内清洁、无异物。

④用复位螺栓将刹车片固定在制动器的上下闸体上，不得损坏刹车片压块。

⑤安装 O 形密封圈。将制动器闸体上的红色防尘堵头拆下，安装 O 形密封圈。见图 5-42。

图 5-42　安装 O 型密封圈

⑥安装制动器。用螺栓等紧固件将制动器的内外闸体固定在制动器安装座上，按要求的力矩进行紧固。要求制动器安装面与转子刹车环较近环面和较远环面的最小距离，以及刹车片与刹车环距离最小处的间隙均应满足图样和装配工艺规程的要求。

⑦制动器的调整。当制动器安装面与转子刹车环较近环面的最小距离以及刹车环间隙不满足要求时，可在制动器安装座上增加专用垫片来调整安装尺寸。

⑧连接管路。将制动器油管接头、卡套、卡套螺母固定在转子制动器的上下闸体的进出油口上。用转子闸间钢管将两个进出油口连接起来，在制动器的另一个油口上安装 1 个放气测压接头阀。见图 5-43。

图 5-43 安装发电机制动器

⑨保压试验。连接好制动器管路后，按工艺规程技术要求用手动液压泵对闸体打压试漏，检查加压是否有泄漏。若没有泄漏，就证明连接的管路合格。

复习思考题

1. 什么是导电膏？试述导电膏的作用和使用方法。

2. 接地的目的和作用是什么？试述发电机接地线的制作与安装。

3. 试述风力发电机的两种制动方式，以及液压盘式制动器的工作原理。

4. 试述如何修复永磁直驱发电机转子的磁极防护层。

5. 试述清洗轴承的方法和注意事项。

第六章　齿轮箱的安装与调整

学习目的：

1. 了解齿轮箱的种类。

2. 了解齿轮箱的工作原理。

3. 熟悉齿轮箱的调整方法。

第一节　齿轮箱安装

一、齿轮箱的种类和工作原理

1. 齿轮箱的种类

风电机组的主传动有多种方案可供选择。较小功率的机组可采用较为简单的两级或三级平行轴齿轮传动。功率更大时，由于平行轴展开尺寸过大，不利于机舱布置，故多采用行星齿轮传动或行星齿轮与平行轴齿轮的复合传动，以及多级分流、差动分流传动。见图 6-1 和图 6-2 所示。

图 6-1　一种齿轮箱的外形图

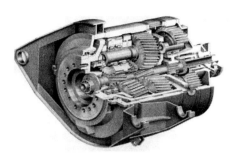

图 6-2　一种三级行星传动齿轮箱剖面图

2. 齿轮箱的工作原理

（1）常用齿轮箱的传动形式及其特点，见表 6-1。

表 6-1　常用齿轮箱的传动形式及其特点

传动形式	传动简图	推荐增速比	特点及应用
单级 NGW		$i = 2.8 \sim 12.5$	与普通圆柱齿轮减速器相比，尺寸小、重量轻，但制造精度要求较高，结构较复杂，在要求结构紧凑的动力传动中应用广泛
两级 NGW		$i = 14 \sim 160$	同单级 NGW
混合式		$i = 20 \sim 80$	低速轴为行星传动，使功率分流，同时合理应用了内啮合，末二级为平行轴圆柱齿轮传动，可合理分配减速比，提高传动效率

（2）常用兆瓦级风电机组齿轮箱介绍

①一级行星和两级平行轴齿轮传动齿轮箱

行星架将叶轮动力传至行星轮，再经过中心太阳轮到平行轴齿轮，经两级平行轴齿轮传递至高速轴输出。

机组的主轴与齿轮箱输入轴利用胀紧套连接，装拆方便，能保证良好对中性，且减少了应力集中。在行星齿轮级中，常利用太阳轮的浮动实现均载。这种结构在 1 MW~2 MW 机组中应用较多。

②两级行星齿轮和一级平行轴齿轮传动齿轮箱

采用两级行星齿轮增速可获得较大的增速比。实际应用时，在良性星级之外常加上一级平行轴齿轮，错开中心位置，以便利用中心通孔通入电缆或液压管路。

③内啮合齿轮分流定轴传动

将一级行星和两级平行轴齿轮传动结构的行星架与箱体固定在一起，行星轮轴也变成固定轴，内齿圈成为主动轮。动力通常由三根齿轮轴分流传至同轴连接的三个大齿轮，再将动力汇合到中心轮传至末级平行轴齿轮。这种传动方式也常用于"半直驱"机组的传动装置中。

由内圈输入，将功率分流到几个轴齿轮，再从同轴的几个大齿轮传递到下一级平行轴齿轮。相当于行星架固定，内齿圈作为主动轮，两排行星齿轮变为定轴传动。这种装置由于没有周旋转，有利于布置润滑油路。另外，从结构上看，各个组件可独立拆卸，便于在机舱内进行检修。

④分流差动齿轮传动

在结构设计中增加行星轮的个数，并采用柔性行星轮轴，使载荷分配更均匀，用于较大功率场合。

行星架传入的动力一部分经行星轮传至左侧太阳轮，另一部分通过与行星架相连的大内齿圈经一组定轴齿轮传至中间的太阳轮，再通过与之相连的小内齿圈经行星轮传至左侧太阳轮。由于差动传递的作用，两部分的动力在此合成输出，传至末级平行轴齿轮。

⑤行星差动复合四级齿轮传动

一级太阳轮传至行星架经行星轮汇集到第三级太阳轮；二级太阳轮与三级内齿圈连接，也通过行星轮将动力汇集到第三级太阳轮，然后传入末级平行轴齿轮。由于增加了功率分流，行星轮载荷分布较均匀，比传统结构更为紧凑，可减小体积和质量。

3. 齿轮箱的安装规范

以一种齿轮箱的安装为例，详细安装规范如下。

（1）齿轮箱在安装前，需检查所有零部件是否完好。

（2）齿轮箱在安装前，需排掉残存的油（由于防腐而沉积在箱体内的）和去除加工表面的防锈剂。

（3）去除行星架内孔和主轴表面的油脂和灰尘。

（4）如果使用加热行星架的方式安装主轴，可以使用液化气加热，但是加热温度不能高于 120 ℃。

（5）齿轮箱的输出轴采用联轴器连接。安装时，应严格找中。其对中误差必须控制在弹性联轴器允许值的下限以内，一般应≤0.05 mm，角度误差≤30"。

（6）在齿轮箱安装过程中，不能对齿轮箱的高速轴、管轴和行星架等部位进行敲打和撞击，并且不能对这些部位施加外部的轴向力和径向力，否则有可能导致齿轮箱损坏。

（7）应当在齿轮箱进行试验之前给齿轮箱加油，保证齿轮盒轴承表面都有润滑油。

（8）在齿轮箱试验之前，应先打开齿轮箱润滑过滤循环系统，保证润滑油的清洁度。

（9）在齿轮箱试验之前，必须对传感器、风扇过滤器、风扇电机、油泵电机、电加热器，以及所有管路的连接、刹车装置的连接、电气系统进行检测。必须保证以上项目全部可以正常工作。

第二节　齿轮箱的调整

一、齿轮箱安装调整

1. 对中的相关介绍

由于齿轮箱安装调整最重要的是对中，常用对中方法是使用激光对中仪。下面首先对对中的基本原理进行简单介绍，同时对激光对中仪的相关使用方法进行说明。

（1）对中的基本原理

①对中的目的。对中是借助专用工具和仪器，通过合理的方法，使得两轴达到预先设定的相互关系的过程。其目的是，使两轴在正常工作状态时处于同一轴线上，降低设备震动和噪音等级，减少轴弯曲，保持适当的轴承内部空隙，减少联轴器的磨损，消除周期性疲劳所导致的轴故障，以便保证设备平稳运行。

②对中的偏差。对中偏差包括两种，一种是同轴度偏差或称平行偏差，即相连接的两轴在相互平行的情况下发生错位；另一种是两个连接端面的平行度偏差或称"角度偏差"，即两轴的轴线不平行，相交成一定角度。在一般情况下，两种偏差会同时存在。见图6-3。

1. 无偏差　　2. 平行偏差　　3. 角度偏差　　4. 平行+角度偏差

图6-3　不对中偏差

③对中允许的最大误差。对中工作开始前，我们必须知道允许的偏差，并以此作为工作的依据；否则我们就无法知道对中到什么时候才算合格。

④对中的方法。对中过程中一般需要将其中一台机器（称为固定端）作为基准然后通过测量与另外一台机器（称为移动端）在水平竖直两个方向上不对中的程度（径向偏差和角度偏差），通过几何关系计算得到水平方向和垂直方向的偏差值和调整量。偏差值用来作为衡量不对中程度的标准，调整量用来指导移动端机器的水平方向移动和竖直方向垫片的增减。

（2）对中仪的介绍。对中仪就是一种可以找到中间、中点等用来确定位置的某些参照物的仪器。激光不同于其他光束，由于它具有很强的穿透力，以及不受温度等外界因素干扰等特点，被广泛用于进行对中操作。

（3）激光对中仪的操作

①将测量单元紧紧地固定于需测量的轴上，确定有移动端标记的测量单元安装在移动端设备上，而有固定端标记的测量单元则安装在固定端设备上。

②开机调整激光探头的高低位置，尽量使光束照射在对面激光探头接收器的

中心位置。

③在激光对中仪操作面板上选择对中方式，并输入允许的最大误差和相关单位。选取测量点进行测量，根据实际测量结果对设备安装位置进行调整，最终达到装配要求。

（4）对中的要点

①在对中调整的整个过程中，不允许身体任何部位触碰到激光发射探头，以免严重影响测试精度。

②如果测试时没有显示任何数据，需注意查看激光接收视窗是否接收到对面发射过来的激光。

2. 齿轮箱的安装调整方法

此处以某风力发电机组齿轮箱的安装与调整过程为例来说明具体的调整方法。

（1）安装齿轮箱调中工装。将齿轮箱调中工装安装到指定位置，见图6-4。

图6-4 安装一种齿轮箱调中工装

（2）齿轮箱调中。用调中工装和激光对中仪调整齿轮箱，保证齿轮箱和主轴的同轴度达到设计要求。将激光对中仪的移动端表座和固定端表座分别固定在齿轮箱和主轴上。连接好激光对中仪各部件。根据激光对中仪在3点和9点的读数来调整齿轮箱前后位置，根据12点读数调整齿轮箱上下位置，最后确定齿轮箱弹性支撑调整垫圈厚度。将调整工装拆下，垫上调整垫。见图6-5~图6-7。

图 6-5　一种激光对中仪调中（9 点位置）

图 6-6　一种激光对中仪调中（12 点位置）

图 6-7　一种激光对中仪调中（3 点位置）

（3）确定调整垫的厚度。用高度尺测量齿轮箱支撑臂下平面距离底座安装面的高度 H，弹性支撑下部用齿轮箱预压后的高度 h，根据实际情况确定调整垫片的厚度，见图6-8。安装完成后的齿轮箱示意图，见图6-9。

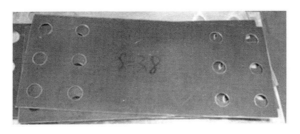

图6-8 一种齿轮箱弹性支撑调整垫圈

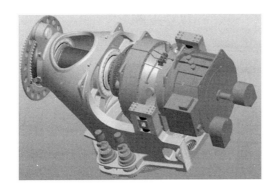

图6-9 一种安装完成后的齿轮箱示意图

复习思考题

1. 对中的基本原理是什么？

2. 简述对中的方法。

3. 目前风力发电机组常用的齿轮箱的种类有哪些？

4. 简述齿轮箱的安装规范。

5. 目前风力发电机组常用的齿轮箱调中设备是什么？

第七章 偏航系统的安装与调整

学习目的：

1. 掌握齿轮检测技术。
2. 掌握偏航减速器的安装要求。
3. 掌握偏航制动器的安装要求。

第一节 偏航系统的安装

一、齿轮检测知识

1. 偏航轴承齿轮要求

（1）偏航轴承齿轮为渐开线圆柱直齿轮，内/外齿轮径向变位系数 x 一般为 +0.5；削顶系数为 k，内齿轮 $k = 0.2$，外齿轮 $k = 0.1$。对于单排四点接触球式滚道中心圆直径为 200~450 mm 的回转支承，齿轮径向变位系数 x 一般为 0，根据用户要求也可采用其他变位系数。

（2）齿轮模数应符合《通用机械和重型机械用圆柱齿轮模数》GB/T 1357 的规定。

（3）齿轮的精度一般采用《渐开线圆柱齿轮精度标准》GB/T 10095.1 和 GB/T 10095.2 的 10 级，或根据用户要求，其齿厚的偏差可由制造商与用户协商确定。

（4）需淬火的齿轮分为齿面淬火、齿面齿根淬火和全齿淬火，其淬火部位的表面硬度为 50~60 HRC。齿轮有效硬化层深度应符合表7-1的规定。

表 7-1　齿轮有效硬化层深度　　　　　　　　　　单位：mm

m		≤6	>6~12	>12~18	>18~25
DS	齿面	≥1.2	≥2.2	≥3.2	≥4.0
	齿根	≥0.6	≥1.2	≥1.5	≥2.0

2. 偏航轴承齿轮的检测要求

（1）齿轮精度的检测按《圆柱齿轮检验实施规范》GB/Z 18620.1 和 GB/Z 18620.2 的规定。

（2）齿轮热处理性能检测

①有效硬化层深度的检测按《钢的感应淬火或火焰淬火后有效硬化层深度的测定国家标准》GB/T 5617 的规定。

②淬火硬度的检测用里氏硬度计。

（3）齿轮表面裂纹的检测

齿轮表面裂纹的检测可选用磁粉检测或其他无损检测方法。

二、偏航减速器安装要求

由于偏航速度低，驱动装置的减速器一般选用多级行星减速器或涡轮蜗杆与行星串联减速器。按照机组偏航传动系统的结构需要，可以布置多个减速器驱动装置。装配时，必须通过轮齿啮合间隙调整机构正确调整各个小齿轮与齿圈的相互位置，使各个齿轮副的啮合状况基本一致，避免出现卡滞或偏载现象。

偏航驱动齿轮要与偏航轴承齿轮匹配，驱动器的驱动力矩必须大于最大阻力矩。阻力矩包括偏航轴承的摩擦力矩、阻尼机构的阻尼力矩、叶轮气动力偏心和质量偏心形成的偏航阻力矩，以及叶轮的附加力矩等。

偏航减速器具体安装要求如下。

（1）偏航减速器在安装之前需检查是否已经按照要求加注润滑油。安装配合表面以及齿轮啮合面要进行清洁，不得有凸起、油脂和油漆等杂质存在。

（2）与偏航减速器连接的地座安装面必须经过彻底清洁，不得有凸起的痕迹，且与传动轴保持垂直。

（3）用合适的吊装工具起吊产品，利用偏航减速器安装止口将减速器安装到底座上。

（4）在安装时，需先核对偏心盘最大和最小的偏心点。将偏航减速器安装孔和底座螺纹孔对正，找到偏航轴承齿顶圆的最大标记处。在该处调整齿侧间隙，并使偏航减速器偏心圆盘大、小端连线的中间位置约处于齿轮啮合位置。测量啮合间隙是否符合标准要求。如果不符合要求，将螺栓拆除，通过调整偏心盘调整啮合间隙，直至间隙符合要求后。

（5）定位好偏航减速器并确认工况合格后，使用紧固件将偏航减速器按照设计要求进行力矩紧固。定位时，偏航减速器需确保加油螺塞、通气帽、油位显示以及放油螺塞处在合适的位置，便于后期的维护。

三、偏航轴承安装要求

1. 偏航轴承分类

偏航轴承一般分为滑动轴承和滚动轴承，其中滚动轴承较为常用。

（1）滑动轴承由偏航盖板、回转盘、偏航滑板等组成。盖板连于机舱，回转盘连于塔架，滑板连于盖板而将回转盘的一部分卡在中间，因此机舱可沿回转盘转动而不会与其脱离。盖板、滑板与回转盘之间都衬有减磨材料，以减小摩擦和磨损。滑动轴承的优点是生产简单，与滚动轴承相比，摩擦力大且能调节，可以省却偏航阻尼器和偏航制动装置，整个系统成本低；但缺点是偏航驱动功率比滚动轴承大，机构可靠性较差。

（2）滚动轴承是一种回转支承，由内、外环和滚动体组成。动环（轴承内环或者外环）连于机舱，静环连于塔架，静环作为驱动环有轮齿。滚动体可以是钢球，也可以是短圆柱滚子。采用滚动偏航轴承时，不采用独立的驱动环，而是集中在轴承上。因此，风力发电机组的偏航系统有外驱动和内驱动之分，外驱动的驱动环是外齿，内驱动的驱动环是内齿，内外驱动用轴承各部相同。外驱动轴承以外环做驱动环，轮齿在外环上。安装时，内环与机舱，外环和塔架分别用螺栓连接，驱动小齿轮位于塔架之外，见图7-1；内驱动用的则相反，见图7-2。采用滚动轴承时，系统必须有制动和阻尼装置，因此成本较高，其优点是可靠性高，偏航驱动功率较小。安装偏航轴承时，软带位置必须按照设计要求确定。

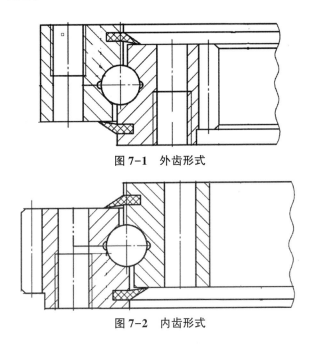

图 7-1 外齿形式

图 7-2 内齿形式

2. 偏航轴承特点

下面以滚动轴承为例，详细介绍偏航轴承的特点。

偏航轴承为特大型转盘轴承，与普通转盘轴承一样，由套圈、滚动体、密封件、保持架或隔离块组成，其内圈或外圈多数带有传动齿，通过与主机配套的小齿轮啮合来传递扭矩。轴承的结构多采用四点接触球式，根据其工作场合的需求带有安装孔、润滑油孔及吊装孔。风力发电机的偏航系统多采用单排四点接触球轴承，而变桨系统多采用双排四点接触球轴承。

偏航和变桨轴承承受不定风力所产生的冲击载荷，具有间歇工作、传递扭矩较大、传动比高的特点。因此，要求轴承游隙小或者为零游隙或小负游隙，以减小滚动面的微动磨损。加工过程中需对滚道表面进行淬火处理，以提高滚道硬度，提高轴承的承载能力。另外，在套圈圆周分布有多个油孔对滚道进行润滑偏航和变桨轴承要承受很大的倾覆力矩，且部分裸露在外，易受沙尘、水雾、冰冻等污染侵害。因此，在轴承的上下端面安装密封条防止润滑脂的泄漏，同时阻隔外界水分、灰尘等污染物的侵入。轴承外表面还需要进行防腐处理，一般方法是喷涂纯锌或纯铝，长期裸露在外的表面还应进行喷漆保护。

3. 偏航轴承安装

（1）偏航轴承的准备

偏航轴承安装前，应首先对底座的安装面进行检查，确保底座结构符合技术要求，同时检查有无金属屑、焊粒、锈蚀痕迹。轴承打开包装后，应用吊装螺栓拧在内圈或外圈的吊装孔内，将轴承搬运到安装位置。为了保证吊装过程的平稳性，严禁两点吊装。

（2）偏航轴承的定位

转盘轴承滚道淬火后为了防止二次淬火，会在淬火的起点与终点留下一定长度的无淬火区，称为淬火软带。其表面硬度较低，承载能力较差，因此安装时需对轴承进行定位，使软带处于非载荷区或非经常受荷区。定位步骤如下。

①确定轴承的主承载区域。

②将淬火软带设定在与主承载轴或承载臂成90°的位置上。

③若载荷主要为径向，尤其是轴承垂直安装时，需将轴承强制对中。

④将轴承与连接底座贴靠紧密，使轴承孔与底座的安装孔一一对应。

（3）偏航轴承连接件的选择

轴承在安装时，一般通过螺栓固定在主机上。偏航轴承无齿圈与塔架相连，有齿圈与座舱相连。因此，安装时，需采用高强度螺栓保证连接的紧固性，如质量等级为8.8级、10.9级或12.9级的螺栓。连接件的选择还有如下四点要求。

①禁止采用通螺纹的螺栓。

②禁止采用使用过的螺栓和垫圈。

③螺纹长度应保证不小于5倍螺栓直径。

④安装螺栓时可选用调质平垫圈，禁止使用弹簧垫圈。

（4）偏航轴承连接件的选择

偏航轴承靠轮齿啮合来传递扭矩，若啮合间隙太小就会产生反作用力，加速啮合部位磨损；若啮合间隙太大将导致振动，损坏齿面。因此，在偏航减速器安装螺栓未完全拧紧之前，需调节偏航轴承大齿轮与小齿轮啮合的间隙，轴承齿轮节圆径向跳动最大点一般在齿顶处加以标示。

（5）轴承运转测试

轴承安装完成后，需对轴承进行初次运转测试。先缓慢转动轴承至少 3 圈，观察轴承的运转是否平稳，有无冲击和卡滞；检查整个圆周上的齿轮啮合间隙值；检查螺栓拧紧力矩。

（6）润滑方式

轴承润滑分为手动润滑和自动润滑两种。手动润滑一般由风场的工作人员定期对轴承进行润滑，易出现单次注脂量大，轴承内部压力过大而使润滑脂顶开密封圈的现象。同时，还可能会存在有单个油孔进行注脂的现象，这将大大降低润滑脂的均匀性，导致润滑不均，降低润滑效果。因此，在轴承的维护中建议使用自动润滑，通过轴承圆周均布的多个油孔同时注脂，保证滚道内部润滑脂分布的均匀性。另外，自动润滑的注脂量经过了计算和分配，不易出现过多注脂造成浪费和过少注脂量造成润滑不畅的情况，有效保证了轴承的使用寿命。自动润滑系统多配备有集油装置，通过排油孔收集废旧润滑脂，因此在维护时还应及时清理或更换集油装置。

四、涂色法的相关知识

涂色法是检验齿轮啮合状况的一种方法，它能准确地反映出两轴间的垂直度、平行度及中心距的精度。

具体操作是：在主动齿轮啮合面上均匀地涂上一层显示剂，来回转动主动齿轮，使主动齿轮上的显示剂印染到从动齿轮上。根据齿面上的色痕就可以判断各种误差。

涂色时，采用的介质一般为红丹涂料，按重量其配比推荐如下：

红丹：L-AN 全损耗系统用油：煤油≈100∶7∶3

煤油应符合《煤油国家标准》GB 253 规定的质量指标。

全损耗系统用油应符合《L-AN 全损耗系统用油国家标准》GB 443 规定的 L-AN32的质量指标。

红丹应符合 HG/T 3805 规定的一级或二级质量指标。

第二节　偏航系统调整

一、偏航系统润滑油渗漏的原因及排除方法

1. 偏航系统润滑油（脂）渗漏的原因

（1）偏航轴承密封条损坏造成漏油。

（2）润滑油管损坏造成漏油。

（3）润滑油管接头损坏造成漏油。

（4）润滑泵故障导致加脂量超量造成漏脂。

（5）偏航减速器润滑油超量加入造成漏油。

（6）偏航减速器腔体泄露造成漏油。

2. 偏航系统润滑油（脂）渗漏的排除方法

（1）更换偏航轴承损坏的密封条。

（2）更换损坏的润滑油管。

（3）紧固润滑油管接头。

（4）对故障润滑泵进行修理。

（5）偏航减速器按照要求加油。如果油量超出要求，需将油排出。

（6）安装合格的偏航减速器。

二、偏航制动器安装间隙要求

现以某直驱型风力发电机组偏航制动器的装配过程为例，说明偏航制动器具体的安装要求。

（1）在安装制动器之前，必须将制动盘上的油污清洗干净，任何残留油污都将明显降低制动器摩擦片的摩擦系数，以致影响制动器的制动性能。

（2）摩擦片上禁沾油污，任何残留油污都将明显降低摩擦片的摩擦系数。

（3）制动器的排气阀在出厂前已紧固好，现场安装时，如需更换排气阀和进油口的方向，应确保更换方向后的排气阀和进油口接头与机体连接处密封可

靠，不得漏油。

（4）制动器的液压系统在组装或更改系统时，必须使用排气阀进行排气，确保系统内无空气。

（5）将偏航制动器安装到底座制动器安装位置上，用螺栓紧固。使用调整垫调整制动器摩擦片与刹车盘的间隙，见图7-3。紧固件安装时，需按照要求涂抹润滑剂或者螺纹锁固胶，且力矩需达到设计要求，紧固件需做防松防腐处理。

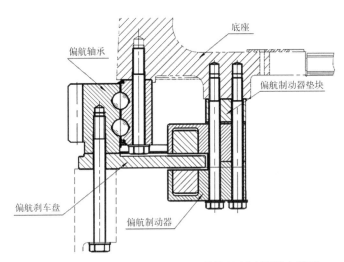

图7-3　一种偏航制动器的安装图

复习思考题

1. 简述齿轮检测的相关知识。

2. 简述偏航减速器的安装要求。

3. 简述涂色法的相关知识。

4. 简述偏航系统润滑油渗漏的原理及排除方法。

5. 简述偏航制动器的安装要求。

第八章　加热、冷却系统的安装和检查

学习目的：

1. 了解加热冷却系统的安装方法。

2. 了解加热冷却管路的连接与固定。

3. 了解加热冷却系统的基本原理。

第一节　双馈机组的加热冷却系统的安装和检查

发电机的冷却系统与变频器冷却系统类似，建议发电机采用水冷却系统，权衡效率、能耗、噪声等。

齿轮箱的冷却系统。大部分齿轮油冷却使用风冷方式，对于冷油器敞开在机舱上的方式，在严寒的天气下一旦机组出现故障造成停机，齿轮油的活动性会很差，将给机组的启动带来困难。

风力发电机的保温加热措施。机舱与轮毂、机舱与塔筒连接处封堵措施。一般机舱与轮毂、机舱与塔筒连接处间隙较大，在冬季北方地区气温往往达到 $-30\,℃$ 以下，这时"风力发电机"一旦停机，会因机舱温度低、齿轮油温低而需要很长的启动时间。建议将连接部位采取适合的密封措施，以减小低温影响。

机舱保温措施。建议在机舱内部增加保温层，减少冬季机舱对外的热传递。在夏季，保温层同时也能起到减少外界对机舱的热传递。但如保温措施过于严密，会很容易造成机舱内空气的不流通。这时，可在机舱壁上加装一个百叶窗，可以根据时节和天气情况进行开闭。

　　风力发电机组中的齿轮箱是一个重要的机械部件，其主要功用是将风轮在风力作用下所产生的动力传递给发电机并使其得到相应的转速。通常风轮的转速很低，达不到发电机发电所要求的转速，必须通过齿轮箱齿轮副的增速作用来实现，故也将齿轮箱称之为增速箱。根据机组的总体布置要求，有时将与风轮轮毂直接相连的传动轴与齿轮箱合为一体，也有将主轴与齿轮箱分别布置，其间利用胀紧套装置或联轴节连接的结构。为了增加机组的制动能力，常常在齿轮箱的输入端或输出端设置刹车装置，配合叶尖制动（定桨距风轮）或变距制动装置共同对机组传动系统进行联合制动。

　　由于机组安装在高山、荒野、海滩、海岛等风口处，受无规律的变向变负荷的风力作用，以及强阵风的冲击，常年经受酷暑严寒和极端温差的影响，加之所处自然环境交通不便，齿轮箱安装在塔顶的狭小空间内，一旦出现故障，修复非常困难，故对其可靠性和使用寿命都提出了比一般机械高得多的要求。对构件材料的要求，除了常规状态下机械性能外，还应该具有低温状态下抗冷脆性等特性；应保证齿轮箱平稳工作，防止振动和冲击；保证充分的润滑条件等。对冬夏温差巨大的地区，要配置合适的加热和冷却装置。还要设置监控点，对运转和润滑状态进行遥控。

　　不同形式的风力发电机组有不一样的要求，齿轮箱的布置形式和结构也因此而异。在风电界水平轴风力发电机组用固定平行轴齿轮传动和行星齿轮传动最为常见。

　　如前所述，风力发电受自然条件的影响，一些特殊气象状况的出现，皆可能导致风电机组发生故障，而狭小的机舱不可能像在地面那样具有牢固的机座基础，整个传动系的动力匹配和扭转振动的因素总是集中反映在某个薄弱环节上。大量的实践证明，这个环节常常是机组中的齿轮箱。因此，加强对齿轮箱的研究，重视对其进行维护和保养工作就显得尤为重要。

一、双馈风力发电机组的加热冷却润滑工作原理

（一）控制原理图

1. 控制要求见图 8-1。

（1）当机组未启动时，若油温⑩低于 10 ℃时，电加热器②启动，电动泵③每隔 30 分钟启动工作 5 分钟。油温⑩高于 15 ℃，电加热器②停止加热，电动泵③工作，机组启动。

（2）机组启动温度必须在油温⑩高于 10 ℃。

（3）电动泵③出口压力 10 bar，安全阀设定压力 16 bar，出口油压过高（超过 16 bar）时，将安全阀打开。

（4）过滤器⑤最高工作压力 16 bar，安全阀设定压力 14 bar，当过滤器⑤进口与出口压力差值超过 3.5 bar 时（在油温⑩超过 40 ℃时才测定，信号采集至少 90 分钟），传感器发出信号且红灯亮（绿灯表示工作正常）。

（5）风冷器⑥工作压力 25 bar，最大允许流量 140 L/min，风冷器⑥的风扇电机在油温＞60 ℃或高速轴轴承温度⑪＞75 ℃时打开。油温回落至 50 ℃且高速轴轴承温度⑪＜70 ℃时，风冷器⑥的风扇电机停止运转。

（6）压力控制器⑦的压力监测范围为 0.5 bar~6 bar，不在此范围内时报警（油温 70 ℃时压力要求≥0.5 bar，油温低于 10 ℃时压力要求≤6 bar）。若压力＜0.5 bar 时，报警持续超过 5 秒则停机。

（7）液位下降至设定值时，液位开关⑨发出报警信号。

（8）油温⑩温度不允许超过 70 ℃，否则齿轮箱停机。

（9）高速轴轴承温度⑪不允许超过 80 ℃，否则齿轮箱停机。

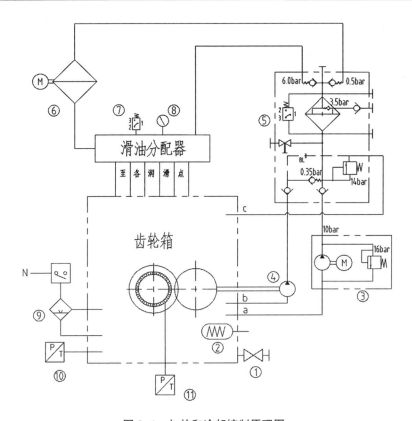

图 8-1 加热和冷却控制原理图

2. 安装要求

（1）供油装置应安装在齿轮箱附近，泵吸油管越短越好，其长度以不大于 1 m为宜。

（2）为保证冷却效果，油/风冷却装置应安装在通风处。

（3）中间连接管路按相关的液压、润滑安装规范进行安装，保证各连接处不泄漏。

（4）供油装置投入运行前，必须确认齿轮箱内部清洁度达到《液压油清洁度标准》ISO 4406 等级要求。

3. 使用与维护

（1）首次启动时，应注意油泵电机转向是否正确。

①过滤系统入口处设有测压点，可用测压表检测泵的出口压力。

②过滤系统上装有滤油器污染信号器，当滤油器进出油口压差达到 3.5 bar 时，污染信号器发出电信号，同时污染信号器上也有灯光显示。此时，应及时更换滤芯。如果更换滤芯不及时，滤油器进口压力达到 14 bar 时，滤油器旁通阀将会开启，此时滤油器将失去过滤作用，齿轮箱必须停止运转。

（2）滤芯的更换过程

更换滤芯时，必须确认供油装置处于停机状态，滤油器必须卸压（压力表显示 0 bar 状态）。可以通过拧松滤筒底部的排油螺塞卸压（工作时必须拧紧）。

更换滤芯包括以下步骤。

①旋下滤筒，取出旧滤芯。

②清洗滤筒，把新滤芯装上，旋上滤筒。

③旋紧滤筒，再回松 1/4 圈。

④更换滤芯后，重新启动工作，注意观察压力表的工作压力。

（3）旁路过滤

当齿轮箱长时间运行后，箱体内部润滑油会逐渐污染，底部沉淀颗粒状污染物。为了提高润滑系统清洁度，延长过滤器使用寿命，可对齿轮箱进行旁路冲洗过滤，见图 8-2 所示。

图 8-2　安装旁路过滤器

（4）低温启动-加热系统

冬季低温状态时，机组启动必须考虑油液的加热问题。当油温低于-10 ℃时，可通过电加热器将油温升到10 ℃以上；当油温低于-10 ℃~-30 ℃时，由于润滑油粘度太大，则应采用专用的低温旁路加热系统加热油液。低温旁路加热系统由用户自备，箱体上预留有安装接口，该接口与旁路过滤装置接口共用。

（二）齿轮箱维护

1. 检查螺栓和螺母是否紧固

根据随机技术文件的规定，紧固螺栓。检查螺栓连接必须使用经过校正的扭力扳手和液压扳手。如果被检查的螺栓数目少于实际数目，那么在这些检查过的螺栓上必须作标记，下次检查其他的螺栓。如果在检查的螺栓中有一个因松动而达不到指定扭矩，那么所有的螺栓都必须重新检查一遍。

2. 腐蚀状况和泄漏情况检查

检查所有部件的腐蚀状况。如果发现外表面有腐蚀，那么必须立刻按照覆盖层说明书对该部件进行处理。应检查所有部件，特别是齿轮箱、液压系统、刹车和油液泄漏。必须排除泄漏并找到泄漏原因。必须更换损坏部件并清理被污染的区域。

3. 润滑冷却循环系统

（1）检查系统是否有泄漏。

（2）检查所有的接头和油管是否有泄漏。必须排除所有的泄漏并找到泄漏原因。

（3）检查软管是否老化。

（4）检查在润滑冷却循环系统中的软管是否老化，是否有裂纹。如果发现软管的表面有老化痕迹和过多的裂纹，必须进行更换。

（5）检查各传感器开关是否工作正常。

（6）如果传感器失灵或损坏，请立即更换。

二、安装齿轮油散热器

（1）清理。清理干净散热器支架、散热器风道法兰和散热器。

（2）安装散热器风道法兰。用螺栓将散热器风道法兰固定到散热器上。螺栓涂螺纹锁固胶，用规定的力矩值紧固螺栓。

（3）安装散热器。用专用吊具将散热器总成吊装到齿轮箱上，用螺栓将散热器支架固定在齿轮箱上，螺栓涂螺纹锁固胶。用规定螺栓力矩值紧固螺栓，见图8-3至图8-6。

图8-3　安装散热器风道法兰的

图8-4　吊装散热器

图8-5　安装散热器一

图8-6　安装散热器二

三、安装润滑油泵

齿轮箱的润滑十分重要，良好的润滑能够对齿轮和轴承起到足够的保护作用。为此，必须高度重视齿轮箱的润滑问题，严格按照规范保持润滑系统长期处于最佳状态。齿轮箱常采用飞溅润滑或强制润滑，一般以强制润滑为多见。因此，配备可靠的润滑系统尤为重要。电动齿轮泵从油箱将油液经滤油器输送到齿轮箱的润滑管路，对各部分的齿轮和传动件进行润滑，管路上装有各种监控装置。以确保齿轮箱在运转当中不会出现断油的情况。

在齿轮箱运转前，应先启动润滑油泵，待各个润滑点都得到润滑后，间隔一段时间方可启动齿轮箱。当环境温度较低时，例如，温度小于 10 ℃，须先接通电热器加机油，达到预定温度后才投入运行。若油温高于设定温度，如 65 ℃ 时，机组控制系统将使润滑油进入系统的冷却管路，经冷却器冷却降温后再进入齿轮箱。管路中还装有压力控制器和油位控制器，以监控润滑油的正常供应。如发生故障，监控系统将立即发出报警信号，使操作者能迅速判定故障并加以排除。润滑泵安装如下所示，见图 8-7 和图 8-8。

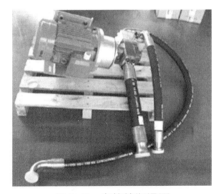

图 8-7　齿轮箱润滑泵

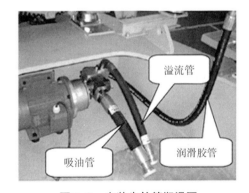

图 8-8　安装齿轮箱润滑泵

（1）清理。清理干净各润滑管路，认真查看润滑系统总成的安装图，分清各油管的安装位置。

（2）安装吸油管总成。用螺钉的对开法兰将吸油管总成固定在润滑泵前端的接口上，在对开法兰接口处加 O 型圈，螺栓要对称紧固。

（3）安装溢流管总成。用螺钉和对开法兰将溢流管总成 90°弯头的一端固定在润滑泵上端的接口上，在对开法兰接口处加 O 型圈，螺栓要对称紧固。

（4）安装润滑胶管。用螺钉和对开法兰将润滑胶管Ⅳ的一端固定在油泵后端的接口上，在对开法兰接口处加 O 型圈，螺栓要对称紧固。

（5）后处理。三根胶管的金属连接部分和油泵的金属裸露部分须刷防锈油。

（6）安装润滑泵总成。用螺栓将弹性支撑固定在底座上。先用手将电机油泵组和弹性支承旋紧，待吸油管总成和溢流管总成的另一端与齿轮箱连接好，油泵的位置确定后，再紧固螺栓。

四、安装齿轮箱润滑油管和加润滑油

（1）安装吸油管总成。用螺钉和对开法兰将吸油管总成固定在齿轮箱的接口。在对开法兰接口处加 O 型圈，螺栓对称紧固，见图 8-9。

（2）安装溢流管总成。用螺钉和对开法兰将溢流管总成直接头的一端固定在齿轮箱的溢流口上。在对开法兰接口处加 O 型圈，螺栓对称紧固，见图 8-9。

（3）安装润滑胶管。用螺钉和对开法兰将润滑胶管 Ⅳ 的一端固定在过滤器后部的进油口上，在对开法兰接口处加 O 型圈，螺栓对称紧固，见图 8-9。

（4）润滑胶管 Ⅰ（散热器—齿箱分配器）的安装。用螺钉和对开法兰将润滑胶管 Ⅰ 的一端固定在齿轮箱分配器前部的进油口上，在对开法兰接口处加 O 型圈，螺栓对称紧固。将润滑胶管 Ⅰ 的另一端（带螺母）和散热器的出油口连接。**注意**，检查密封圈。见图 8-9。

（5）润滑胶管 Ⅱ（散热器—过滤器）的安装。用螺钉和对开法兰将润滑胶管 Ⅱ 的一端固定在过滤器左侧的出油口上，在对开法兰接口处加 O 型圈，螺栓对称紧固。将另一端和散热器的进油口连接。**注意**，检查密封圈。见图 8-9。

（6）润滑胶管 Ⅲ（分配器—过滤器）的安装。用螺钉和对开法兰将润滑胶管 Ⅲ 的 90°接头固定在过滤器右侧的出油口上，在对开法兰接口处加 O 型圈，螺栓对称紧固。用螺钉和对开法兰将润滑胶管 Ⅲ 的直接头固定在齿轮箱分配器左侧的进油口上，在对开法兰接口处加 O 型圈，螺栓对称紧固。见图 8-9。

（7）放气管（过滤器—齿轮箱）的安装。拆下齿轮箱堵头，先将对丝固定在齿轮箱上，再将放气管固定对丝上。将放气管的另一端固定在过滤器的顶部，用捆扎带将放气管与润滑胶管 Ⅲ 捆在一起。

（8）润滑胶管的固定。用捆扎带将润滑胶管 Ⅰ 和润滑胶管 Ⅱ 捆在一起，润滑胶管Ⅱ和润滑胶管Ⅲ捆在一起。**注意**，润滑胶管不得与金属零部件干涉。

（9）齿轮箱加油。用专用加油泵往齿轮箱加注规定的润滑油。加油量为齿轮箱厂家指定的齿轮油体积。齿轮箱加注完润滑油后做拖动试验。拖动试验时，动态油位不得低于报警油位（正向拖动时，顶舱控制柜的齿轮油位信号灯亮为油位正常）；若动态油位低于报警油位，则再加注适量的润滑油。拖动试验完成后，齿轮箱静态油位为规定高度，不得高于规定高度。注意，油位的测量是以油位计的下部固定螺栓中心为基准。见图8-10。

图8-9　安装完成的散热器及油管　　　图8-10　齿轮箱油位

（10）后处理。橡胶油管的金属连接部分要刷防锈油。

第二节　直驱风力发电机组的冷却系统

一、冷却系统结构

直驱发电机冷却系统为闭式主动冷却系统，冷却发电机的空气来自机舱内部。机舱外部空气不进入发电机冷却系统。这样可以保证冷却发电机的空气相对比较洁净，有利于发电机的可靠运行。

冷却系统整体由换热器单元、通风软管和通风附件等组成。换热器单元和通风软管在机舱中的布局位置，见图8-11和图8-12。

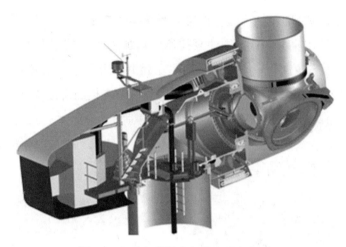

图 8-11　冷却系统在机舱内的布局一

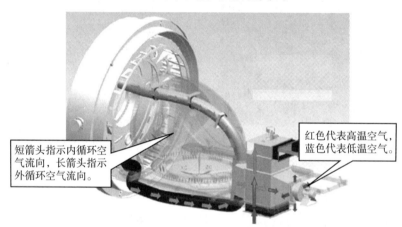

短箭头指示内循环空气流向，长箭头指示外循环空气流向。

红色代表高温空气，蓝色代表低温空气。

图 8-12　冷却系统通风软管布局二

　　换热器单元由换热器芯体、离心风机和钣金风道组成。冷却发电机的循环风路称为内循环风路。与机舱外部空气联通，用来冷却内循环热空气的风路称为外循环风路。换热器单元详图，见图 8-13 和图 8-14。

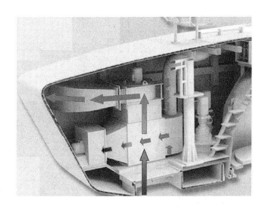

图 8-13　换热器单元

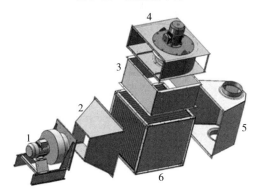

图 8-14　换热器单元爆炸图

1- 内循环风机；2- 内循环出风道组件；3- 外循环出风道组件；

4- 外循环风机；5- 内循环进风道组件；6- 换热器芯体

二、冷却系统的工作原理

内循环风路。机舱内的空气在内循环风机驱动下由发电机上的冷却进风口进入发电机内部。冷却发电机绕组后，被加热的空气经发电机上的出风口排出，经通风软管进入换热器单元，在换热器芯体中被冷却。被冷却后的空气直接排放到机舱中，再次进入发电机对其进行循环冷却。

外循环风路，机舱外的低温空气在外循环风机的驱动下进入换热器芯体，在换热器芯体中通过热量交换，带走内循环高温空气的热量，从而冷却内循环空气。温度升高后的外循环空气通过离心风机排至机舱外部。

发电机沿圆周方向开有冷却进风口，冷却出风口有 4 个，发电机定子绕组上设计有径向通风道。冷却空气进入发电机内部后，流经气隙和定子上的径向通风道，从而对磁钢和定子起到良好的冷却效果。见图 8-15。

出风口

进出风网2-8个

出风口4个

图 8-15　发电机上的冷却进出风口

复习思考题

1. 双馈机组的加热原理和冷却原理是什么？

2. 简述双馈机组加热和冷却系统的零部件。

3. 简述双馈机组润滑油管的安装。

4. 简述直驱发电机的散热系统原理。

5. 简述直驱发电机冷风机的结构。

参考文献

［1］何七荣．机械制造工艺与工装［M］．北京:高等教育出版社,2011.

［2］徐兵．机械装配技术［M］．北京:中国轻工业出版社,2005.7.

［3］任清晨．风力发电机组生产及加工工艺［M］．北京:机械工业出版社,2010.

［4］王亚荣主编．风力发电与机组系统［M］．北京:化学工业出版社,2013.

［5］杨校生主编．风力发电技术与风电场工程［M］．北京:化学工业出版社,2012.

［6］姚兴佳,田德编著．风力发电机组设计与制造［M］．北京:机械工业出版社,2012.

［7］王建录,郭慧文,吴雪霞编著．风力机械技术标准精编［M］．北京:化学工业出版社,2010.

［8］宋亦旭编著．风力发电机的原理与控制［M］．北京:机械工业出版社,2012.

［9］姚兴佳,宋俊编著．风力发电机组原理与应用［M］．北京:机械工业出版社,2011.

［10］赵雁,崔旋,戴天任,高聪颖,刘攀．风电偏航和变桨轴承的安装与维护［J］．轴承,2012
（7）:54—57.